项目来源：重庆市现代山地特色高效农业产业技术体系创新团队

中国西南山地畜牧业实用技术大全

重庆市生猪产业技术体系创新团队
重庆市畜牧技术推广总站
编

种猪高效繁殖技术200问

中国农业出版社
北京

编写人员

主　编： 陈红跃　贺德华　朱　燕　何道领

副主编： 罗宗刚　张　亮　李小琴　蒋林峰

编　者（以姓氏笔画为序）：

王　震　王天波　韦艺媛　甘　玲　石海桥　吕小华
朱　丹　任小明　刘　良　刘芳莉　刘震坤　许　颖
李纪刚　李晓波　李常营　邱进杰　何　航　何双双
张　科　张传师　张璐璐　陈建华　罗　登　周丽萍
郑　洪　荆　伟　骆世军　袁昌定　高　敏　郭宗义
谭兴疆　谭剑蓉　潘　晓　潘红梅

审　稿： 郭宗义　潘红梅

前　言

俗话说“猪粮安天下”，抓好养猪生产，对稳定市场猪肉供应、满足消费者需求、促进农民增收、实现产业经济发展具有重要意义。改革开放以来，随着我国生猪良种改良推广面的不断深入和养殖技术的不断提高，生猪养殖总体水平不断提升，生猪养殖效率不断提高。但与发达国家相比，我国的养猪生产总体水平仍有较多不足，特别是在母猪高效繁育上，差距较为明显，已成为制约我国生猪生产水平的重要因素。

当前，业内将母猪高效繁育水平作为代表生猪养殖水平的重要参考指标，已得到行业的广泛认同。提升母猪高效繁育水平，提升养殖场生猪养殖水平，已成为广大养殖场（户）重点关注和迫切需要掌握的核心技术之一。

《种猪高效繁殖技术200问》由重庆市生猪产业技术体系创新团队、重庆市畜牧技术推广总站组织科研、教学、推广、生产等单位的专家共同完成。在编写过程中，突出了种猪高效繁殖技术的科学性和实用性，围绕猪的繁殖生理、猪人工授精技术、母猪的批次化管理、猪场母猪繁殖力指标及管理规范等方面进行了较详细的阐述，力求读者通过此书掌握种猪高效繁殖技术，实现节本增效，提升养殖效益。

由于时间仓促，难免有疏漏和错误之处，敬请广大读者批评指正。

编者

2022年6月

目　录

一、猪的繁殖生理

1. 母猪的生殖系统主要由哪些组成？

母猪的生殖系统主要由卵巢、输卵管、子宫、阴道等组成（图 1）。

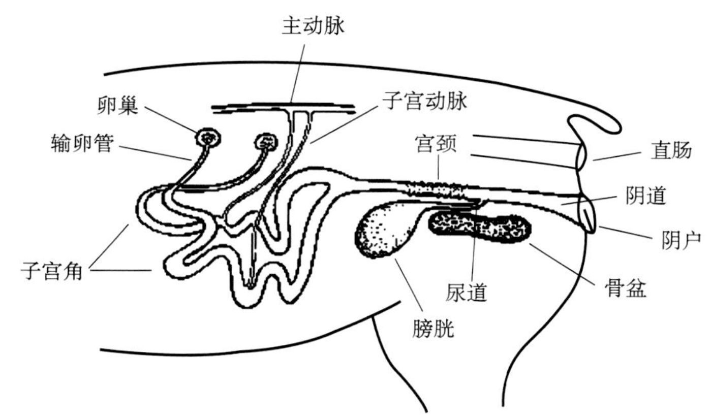

图 1　母猪生殖系统解剖示意图（工厂化猪场人工授精技术，2002）

2. 母猪卵巢的形态结构和功能是什么？

（1）卵巢的形状结构

母猪卵巢的位置、形态、结构、体积等，与母猪的年龄和胎次有关，不同阶段的差异很大。初生小母猪卵巢形状似肾脏，红色，一般左侧稍大。接近初情期时，卵巢体积逐渐增大，其表面有许多突出的小卵泡，形似桑椹。初情期后，母猪开始出现周期性发情表现，发情周期中的不同时间段，卵巢上出现卵泡、红体或黄体，突出于卵巢表面。

猪的卵巢组织分为皮质部和髓质部，两者的基质都是结缔组织。皮质内发育着卵泡、红体和黄体，它们的形态结构因发育阶段的不同而有很大的差异。髓质内含有许多细小的血管和神经（图 2）。

（2）卵巢的功能

①卵泡发育和排卵：卵巢皮质部有许多原始卵泡，它们在母猪的胎儿时期就形成了。

原始卵泡是由一个卵母细胞和周围单层的卵泡细胞构成。原始卵泡先发育为初级卵泡，继续发育为次级卵泡，进而发育为三级卵泡，最后发育为成熟卵泡。能发育到成熟阶段的卵泡只占原始卵泡的极少部分，因此未成熟的卵泡会退化为闭锁卵泡。通常一个卵泡中只有一个卵母细胞。在发情前夕，卵泡迅速增大，卵泡液增多，卵泡壁变薄，最终排出卵母细胞。卵母细胞排出后，会在卵泡原来的位置形成红体，进而发育为黄体（图3、图4）。

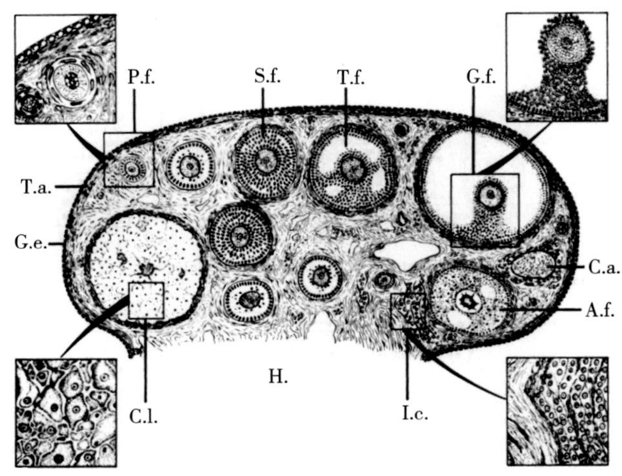

图2　母猪卵巢构造示意图（E. S. E. Hafez，1993）

A. f. 闭锁卵泡　C. a. 白体　C. l. 黄体　G. e. 胚芽上皮　G. f. 成熟卵泡　P. f. 原始卵泡　S. f. 初级卵泡　T. f. 次级卵泡　T. a. 白膜　H. 卵巢门　I. c. 间质细胞

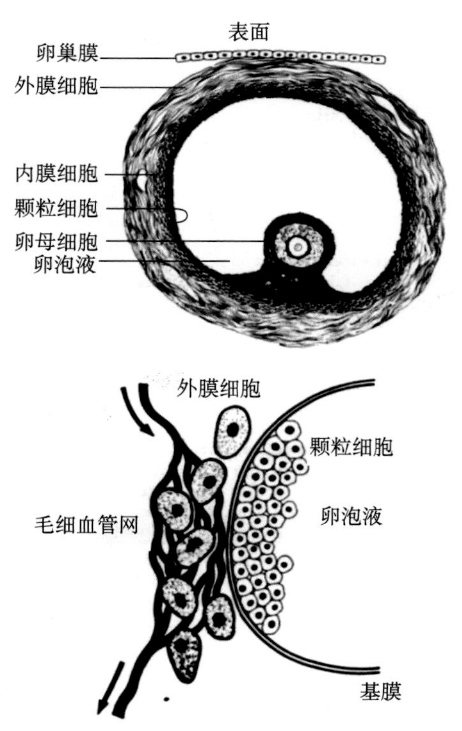

图3　排卵前卵泡的结构（E. S. E. Hafez，1993）

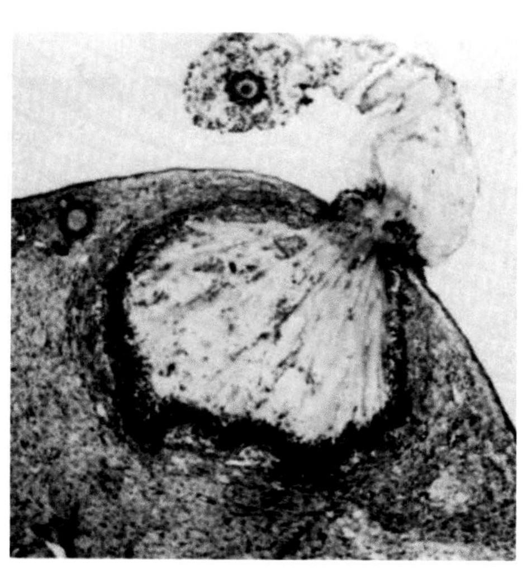

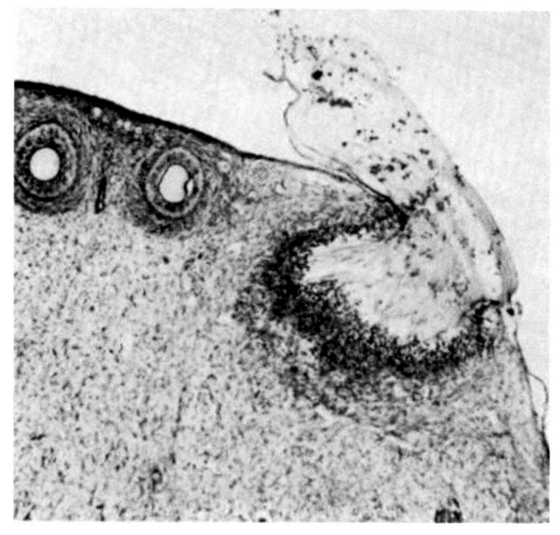

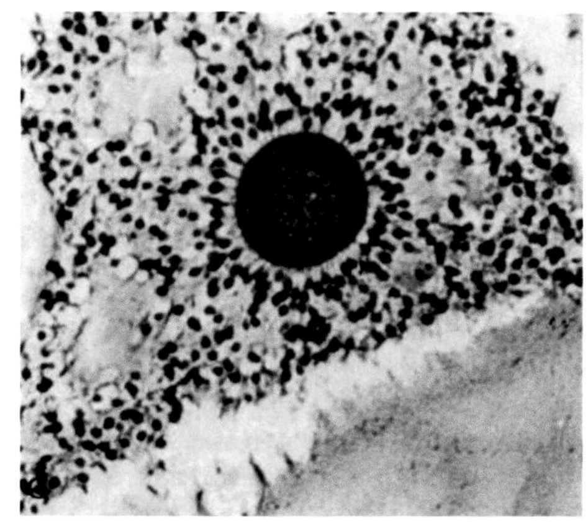

图 4　母猪排卵的过程（E. S. E. Hafez，1993）

②分泌雌激素和孕酮：在卵泡发育过程中，卵泡内膜和卵泡细胞可分泌雌激素。雌激素主要作用为促进雌性生殖管道及乳腺腺管的发育，促进第二性征的形成，与黄体细胞分

泌的孕激素协同影响母猪发情行为和发情表征，受胎后起维持妊娠的作用。此外，卵巢还可以分泌松弛素和抑制素。松弛素的主要作用是松弛产道以及有关的肌肉和韧带，为胎儿产出做准备。

3. 母猪输卵管的解剖结构及功能有哪些?

(1) 输卵管的形态和结构

输卵管是连接卵巢和子宫的器官，位于输卵管系膜内，长 15～30cm，有许多弯曲，它可分为漏斗部、壶腹部和峡部 3 个部分。漏斗部位于输卵管的卵巢端，扩大呈漏斗状，漏斗边缘有很多皱褶，即输卵管伞，伞的前部附着在卵巢上，当卵母细胞成熟排出卵巢后，会被漏斗接住，并向输卵管壶腹部移行。壶腹部是精子和卵母细胞结合授精的部位，位置靠近卵巢端的 1/3 处，较其前后的输卵管部分都粗，形似壶腹状而得名。输卵管其余部分则被称为峡部。在壶腹部和峡部的连接叫做壶峡连接部。

(2) 输卵管的功能

①承受并运送卵母细胞：卵母细胞从卵巢排出后，先被输卵管伞接住，再由伞部的纤毛细胞将其运输到漏斗部和壶腹部。

②精子获能、受精以及卵裂的场所：精子在输卵管内获能，并在壶峡部与卵母细胞结合成为受精卵，受精卵在纤毛颤动和管壁收缩的作用下移行到子宫。

③分泌输卵管液：输卵管液的主要成分为黏蛋白和糖胺聚糖（曾称黏多糖），它既是精子和卵母细胞的运载液体，又是受精卵的营养液。在不同生理阶段，输卵管液的分泌量变化很大，如在发情的 24h 内可分泌 5～6mL 输卵管液，在不发情时仅分泌 1～3mL（图 5）。

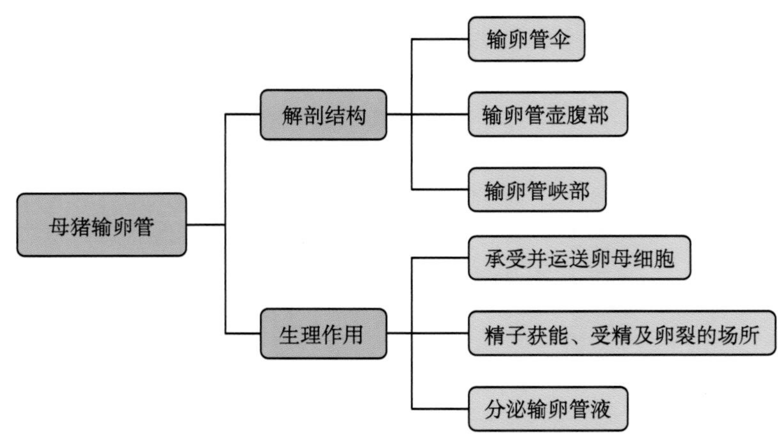

图 5　母猪输卵管解剖结构与生理作用示意图

4. 母猪子宫解剖结构及功能是什么？

（1）子宫的形态和结构

猪的子宫是双角型子宫，由子宫角（左右两个）、子宫体和子宫颈 3 个部分组成。子宫颈长 10～18cm，前后两端较小，中间较大，其内壁呈半月形突起，突起之间形成一个弯曲的通道。此通道恰好与公猪的阴茎前端螺旋状扭曲相适应。猪没有子宫颈的阴道部，当母猪发情时子宫颈口开放，精液可以直接射入母猪的子宫内。

子宫的组织构造从外向里分为浆膜、肌层和黏膜 3 层。浆膜与子宫阔韧带的浆膜相连。肌层的外层薄，为纵行的肌纤维；内层厚，为螺旋形的环状肌纤维。子宫颈肌是子宫肌的附着点，同时也是子宫的括约肌，其内层较厚，且有致密的胶原纤维和弹性纤维，是子宫颈皱襞的主要构成部分。内、外两层交界处有交错的肌束和血管网，固有层含有子宫腺。子宫腺以子宫角的最发达，子宫体中较少，其余部分为柱状细胞，能分泌黏液。

（2）子宫的功能

①精子进入及胎儿娩出的通道：经交配或人工授精后，子宫肌纤维有节律地、有力地收缩，促进精子向子宫角和输卵管游动；分娩时，胎儿需子宫强力阵缩才能排出。

②提供精子获能条件及胎儿生长发育的营养与环境：子宫内膜的分泌物、渗出物，或内膜对糖、脂肪及蛋白质代谢产生的代谢物均可为精子获能提供环境，也可为胎儿发育提供营养。

③调控母猪发情周期：子宫能分泌前列腺素 F2α（PGF2α），PGF2α 对同侧卵巢的发情周期黄体有溶解作用，影响卵泡的生长发育，继而使猪表现发情等一系列行为。

④子宫颈是子宫的门户：一般情况下，为防止异物侵入子宫腔，子宫颈处于关闭状态。发情时子宫颈略微张开，并分泌黏液作为润滑剂，为交配和精子的进入做准备。妊娠后在孕酮的作用下，子宫颈管分泌胶质，黏堵住子宫颈口，阻止病原微生物侵入，保护胎儿的正常发育。临分娩时，子宫颈管内的胶质溶解，子宫颈管松弛，为胎儿娩出做好准备（图 6）。

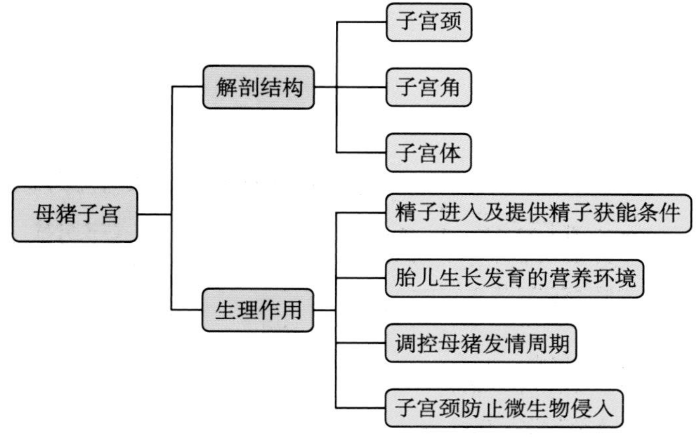

图 6　母猪子宫解剖结构与生理作用示意图

5. 母猪阴道解剖结构及功能是什么?

阴道既是交配器官,又是分娩时的产道。位于骨盆腔,背侧为直肠,腹侧为膀胱和尿道,前接子宫,后接尿生殖前庭,以尿道外口和阴瓣为界。猪的阴道长10~15cm。交配时储存于子宫颈阴道部的精子不断向子宫颈内供应精子。阴道的生化和微生物环境,能保护上生殖道免受微生物的入侵。阴道还是子宫颈、子宫黏膜和输卵管分泌物的排出管道(图7)。

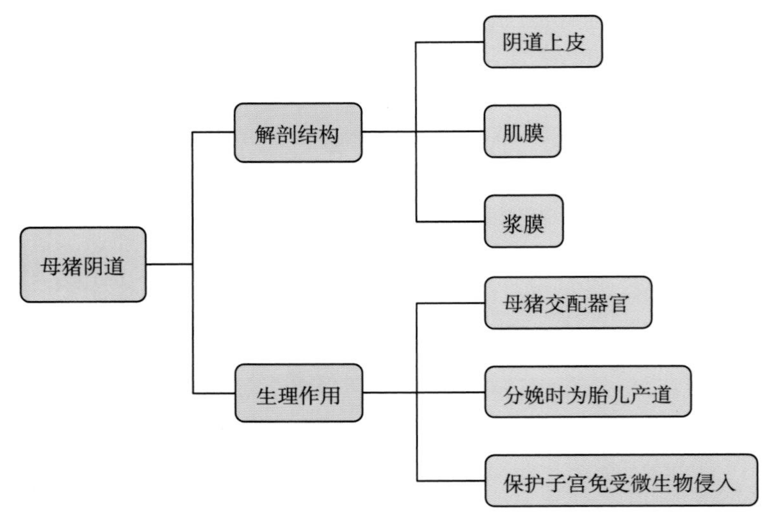

图7 母猪阴道解剖结构与生理作用示意图

6. 母猪外生殖器解剖结构有哪些?

(1) 尿生殖前庭

尿生殖前庭是阴瓣至阴门裂的一段短管,长5~8cm。它是生殖道和尿道共同的管道,其前端底部中线上有尿道外口,两侧有前庭小腺开口,背侧有前庭大腺开口。

(2) 阴唇

阴唇构成阴门的两个侧壁,中间的裂缝称为阴门裂,阴门外为皮肤,内为黏膜,中间由括约肌与结缔组织组成。阴唇上、下两个端部分别相连,构成阴门的上角和下角。

(3) 阴蒂

阴蒂位于阴门裂下角的凹陷内,主要由海绵组织构成,被覆以复层扁平上皮,具有丰富的感觉神经末梢,为退化了的阴茎(图8)。

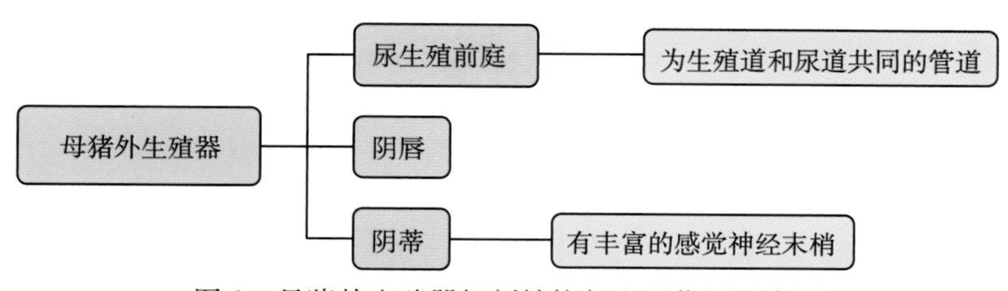

图8 母猪外生殖器解剖结构与生理作用示意图

7. 母猪乳房和乳腺的解剖结构有哪些？

母猪的乳腺位于胸廓与腹股沟之间，在腹壁中线两侧平行排列［即位于腹壁，从胸部到鼠蹊部（腹股沟），呈平行的两排］。每头母猪乳腺的数目不一，为8～18个，平均是12个。公猪和青年母猪有6～7对位置正常、发育良好的乳头（其乳头凹陷或发育不良者均不应选用），才能保留下来作种用。95%的猪有10～14个乳腺。通常是3对位于胸部，2对位于腹部，1对位于鼠蹊部。若乳腺少于6对，则从前往后数，会缺少第二对或第六对。乳头的排列应尽可能保持平行，如果在脐带前后，乳头偏离直线，排列不整齐，会限制仔猪接近乳头，使仔猪吃奶受到影响。乳头排列不整齐的母猪通常腰围大，导致乳头分散，使母猪不能同时哺育11～12头仔猪。乳腺由脂肪组织和结缔组织固着于腹壁（每个乳腺约呈半球形，突起于腹壁）。每个乳腺通常有1个乳头（低垂、钝圆锥形或半圆形，于腺体腹侧突起，稍有皱褶且无毛及皮脂腺）和1对相互独立的乳头导管。如果翻转乳头看不到乳头括约肌，则该乳头有50%的概率是瞎乳头。有的猪会有较多具有分泌功能的小乳头，以及成对与乳腺不相连、发育不全且无分泌功能的附属乳头。

乳头按位置分成3类：正常的、额外的以及位于直肠部位的。额外的乳头多位于正常配对的乳头之间，发育不全且无作用，一般位于第三、第四对或第四、第五对之间，偶尔也会位于其他对之间。直肠部位的乳头是发育遗留下的痕迹，位于公猪阴囊前下方及母猪臀部内侧后方。

8. 母猪性机能发育过程一般会经历哪几个阶段？

广义的性机能发育是指母猪从出生前的性别分化、生殖细胞迁移，出生后生殖器官发育，开始性行为、配种受精、妊娠分娩等生殖活动的整个过程。在生产中，母猪性机能发育过程一般分为初情期、性成熟期、体成熟、适配期4个生理阶段。

9. 什么是母猪初情期？不同品种母猪初情期有什么差异？

母猪从出生到第一次出现发情表现并排卵的时期被称为初情期。初情期的母猪虽有发情表现，但不完全，发情周期也往往不正常，其生殖器官仍在继续生长发育中。地方品种一般在4月龄开始发情，外来品种一般在6月龄第一次发情。

10. 什么是母猪的性成熟？母猪一般在什么年龄体重达到性成熟？

母猪经历初情期后，生殖器官进一步发育成熟，能够正常发情排卵并具备正常生殖能力的阶段被称为性成熟。本地品种母猪与外来品种母猪的性成熟年龄不同，以外种猪为例，母猪在6月龄接触公猪后开始发情，在经历2～3个发情期后，达到性成熟（图9）。

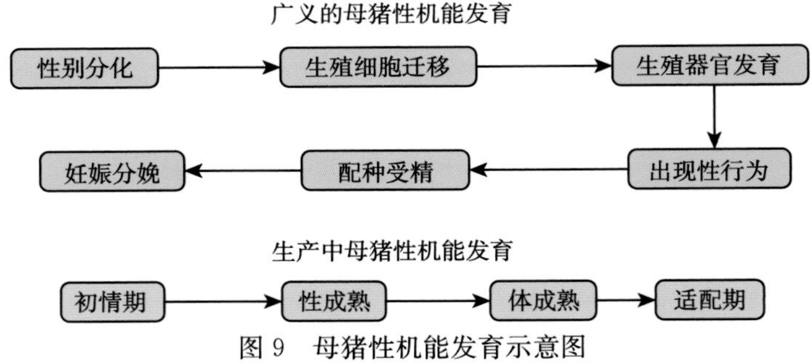

图9　母猪性机能发育示意图

11. 母猪饲养管理过程中有哪些因素会影响母猪初情期的出现？

（1）背膘厚度

背膘厚度是影响后备母猪发情的最主要的因素。后备母猪初情期启动，应该适时配种，配种的最佳背膘厚度应该控制在16mm，一般背膘厚度要求控制在14～18mm。膘情可以通过控制后备母猪的采食量调整。维持良好膘情能够使初情期适时出现。

（2）营养因素

在后备母猪培育过程，应适当限饲。在限饲期间，后备母猪的饲喂量为采食量的80%，后备母猪饲养过程中不应使用育肥猪的日粮，可以饲喂仔猪或泌乳母猪的日粮。按照饲养标准的要求，后备母猪的日粮中应保证消化能为13～14MJ/kg、粗蛋白质含量为16%、赖氨酸含量为0.85%～1.0%。同时在后备母猪满足日粮能量、蛋白质的基础上，还要特别注意粗纤维的应用。

（3）激素因素

生殖激素在后备母猪体内含量虽少，但作用很大，母猪在内部生殖激素和外部刺激的调节下出现初情期表现，后备母猪初情期的生殖变化规律在一定程度受生殖激素、外周血液相关代谢激素，以及外部环境刺激影响。生殖激素中最重要的是促卵泡素（FSH）和促黄体素（LH，别称黄体生成素）分泌水平。而这两种激素的分泌受促性腺激素释放激素（GnRH）的控制。另外，胰岛素（INS）、瘦素以及胰岛素样生长因子（IGF）可直接

影响卵泡的发育和质量，进而影响后备母猪初情期启动。

（4）疾病因素

疾病因素影响着后备母猪的初情期启动质量。后备母猪患有慢性呼吸道疾病、寄生虫病或慢性消化道疾病，会导致卵泡发育不良，激素分泌不足，推迟初情期启动时间（图10）。

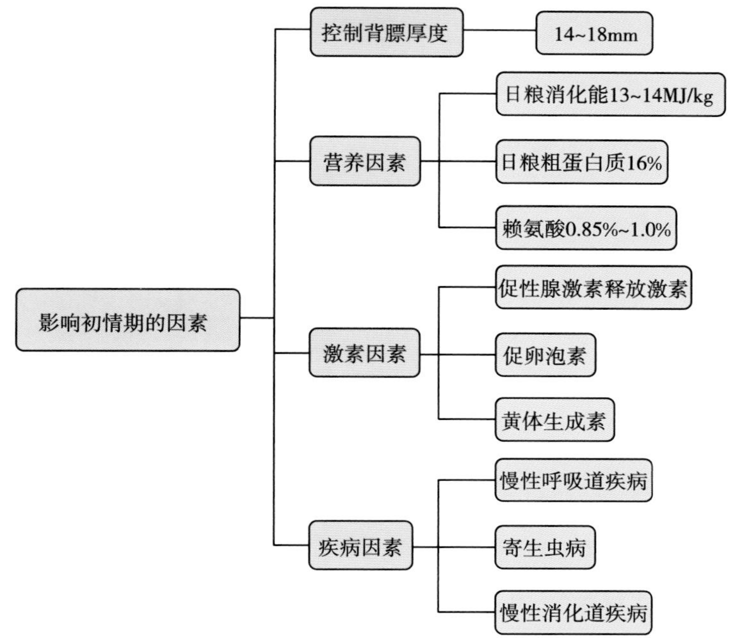

图10　不同品种母猪性机能发育示意图

12. 什么是母猪的适配年龄？不同品种母猪适配年龄有何差异？

母猪在达到性成熟后配种虽能受胎，但此时身体尚未完全发育成熟，势必会影响胎儿的生长发育和分娩后仔猪的存活率。所以生产中一般会在母猪性成熟后，身体发育至成熟体重的70%左右开始配种，这个时期被称为适配期。我国地方品种初配年龄为6月龄左右，体重在50kg以上；外来或培育品种适配年龄应在8～10月龄，体重120kg左右且发情3次以上，方可开始配种（图11）。

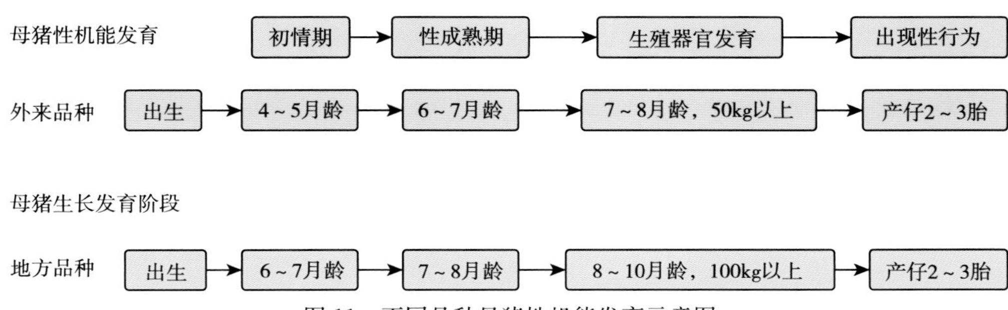

图11　不同品种母猪性机能发育示意图

13. 什么是母猪的生殖机能停止期？不同品种母猪的生殖寿命有何差异？

母猪的生殖年龄是有一定年限的。当母猪年老时，卵巢生理机能逐渐停止，不再发情与排卵，生殖机能自然停止。一般，猪场的母猪在达到此年龄之前就会因失去饲养价值而被淘汰。农户和保种场饲养的地方猪品种常有十五六岁仍在生产的例子。商业猪场一般在母猪产 7 胎以后逐渐将其淘汰。

14. 什么是母猪的发情及发情周期？

母猪达到初情期以后，卵巢出现周期性的卵泡发育和排卵，同时，生殖器官及整个机体发生一系列周期性生理变化，这种变化周而复始，一直到生殖机能停止活动的年龄为止，这种周期性的性活动被称为母猪的发情。发情周期一般是指从一次发情开始到下一次发情开始的间隔时间。通常母猪平均间隔 21d 会出现 1 次发情，即母猪的发情周期为 21d。

15. 母猪的发情周期是如何划分的？各有些什么特征？

根据母猪的性欲表现及生殖器官变化，可以将母猪的发情周期分为发情前期、发情期、发情后期和间情期 4 个阶段。

①发情前期是卵泡发育的准备时期。此期的特征是，上一个发情周期所形成的黄体进一步退化萎缩，卵巢上开始有新的卵泡生长发育；生殖道血液供应量开始增加，阴道和阴门黏膜有轻度充血、肿胀；子宫颈略为松弛，子宫腺体略有生长，腺体分泌活动逐渐增加，分泌少量稀薄黏液，阴道黏膜上皮细胞增生，但尚无性欲表现。

②发情期是母猪性欲达到高潮时期。此期特征是，母猪愿意接受交配，卵巢上的卵泡迅速发育，子宫黏膜显著增生，子宫颈充血，子宫颈口开张，子宫肌层蠕动加强，腺体分泌增多，有大量透明稀薄黏液排出。多数母猪在发情期的末期排卵。

③发情后期是排卵后黄体开始形成时期。此期特征是，母猪逐渐转入安静状态，卵泡破裂排卵后开始形成黄体，并分泌孕酮作用于生殖道，使充血肿胀逐渐消退，子宫肌层蠕动减弱，腺体活动减少，黏液量少而稠，子宫颈管逐渐封闭，子宫内膜逐渐增厚，阴道黏膜增生的上皮细胞脱落。

④间情期又称休情期，是黄体活动时期。此期特征是，母猪的性欲已完全停止，精神状态恢复正常。如果卵母细胞受精，这一阶段将延续下去，母猪不再发情。如果母猪没有怀孕，在间情期的后期，周期黄体退化萎缩，卵巢上有新的卵泡开始发育，又进入到下一次发情周期的前期。

16. 什么是生殖激素？对母猪的生殖活动有何作用？

母猪的生殖活动是一个复杂的生理过程，生殖激素的作用贯穿于生殖过程的始终。几乎所有激素都直接或间接地和母猪的生殖机能有关。有的是直接作用于生殖系统及其机能，有的则通过维持机体正常的生理状态，间接保证正常的生殖机能。一般把直接作用于生殖活动、与生殖机能关系密切的激素统称为生殖激素。它们有的来源于生殖器官之外的组织或器官，有的则由生殖器官本身产生。各种生殖激素必须按照严格的顺序和分泌量出现，使相关的器官和组织产生相应的变化。生殖激素分泌紊乱，常常是造成母猪不育的重要原因。概括而言，生殖激素作用的协调平衡是生殖活动得以顺利进行的内在生理基础。

17. 在母猪生殖活动中发挥主要作用的生殖激素有哪些？

根据来源和分泌器官及转运机制，可将生殖激素分为五大类（图 12）。

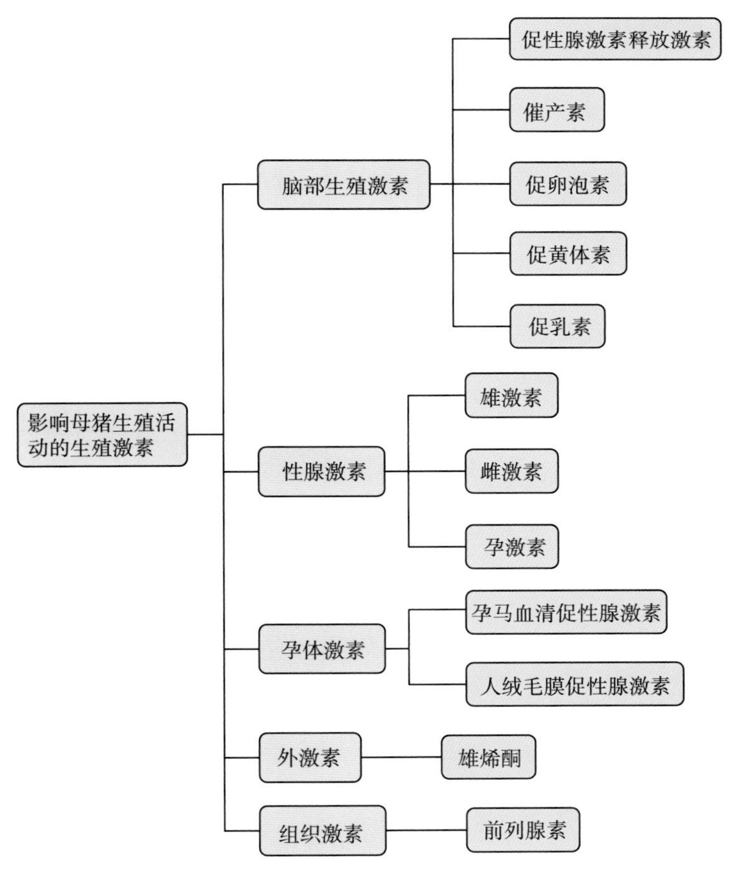

图 12　影响母猪生殖活动的生殖激素示意图

①脑部生殖激素：由脑部各区神经细胞核团，如松果体、下丘脑和垂体等分泌，主要

调节脑内和其他生殖激素分泌的活动。如促性腺激素释放激素、催产素、促卵泡素、促黄体素、促乳素等。

②性腺激素：由睾丸或卵巢分泌，参与其他生殖激素的调节，对性细胞的发生、卵泡发育、排卵、受精、妊娠和分娩等生殖活动，以及脑部生殖激素的分泌活动有直接或间接作用。如雄激素、雌激素、孕激素等。

③孕体激素：由胎儿和胎盘等孕体组织细胞产生，对于妊娠维持和分娩启动有直接作用。如马绒毛膜促性腺激素（又称孕马血清促性腺激素）、人绒毛膜促性腺激素等。

④外激素：由外分泌体（有管腺）分泌，主要借助空气传播作用于靶器官，影响动物的性行为和性机能。如公猪口腔分泌的雄烯酮，通过与母猪接触或在空气中挥发，刺激母猪产生发情表现。

⑤组织激素：所有组织器官均可分泌，是对卵泡发育、黄体消退等有直接作用的激素。如前列腺素。

18. 促卵泡素（FSH）有哪些主要的生理功能?

（1）对母猪的生理作用

①刺激卵泡生长发育。卵泡生长至出现空腔时，FSH 能够刺激它继续发育增大至接近成熟。在卵泡颗粒细胞上存在 FSH 的特异受体，FSH 与受体结合后产生两种作用。一是活化芳香化酶，二是诱导 LH 受体形成。

②刺激卵巢生长。FSH 具有刺激卵巢生长、增加卵巢重量的作用。

③与 LH 配合刺激卵泡产生雌激素。卵泡只有在 FSH 和 LH 的共同作用下，由卵泡膜细胞和颗粒细胞协同作用，才能产生大量的雌激素，以适应卵泡成熟和排卵的需要（图 13）。

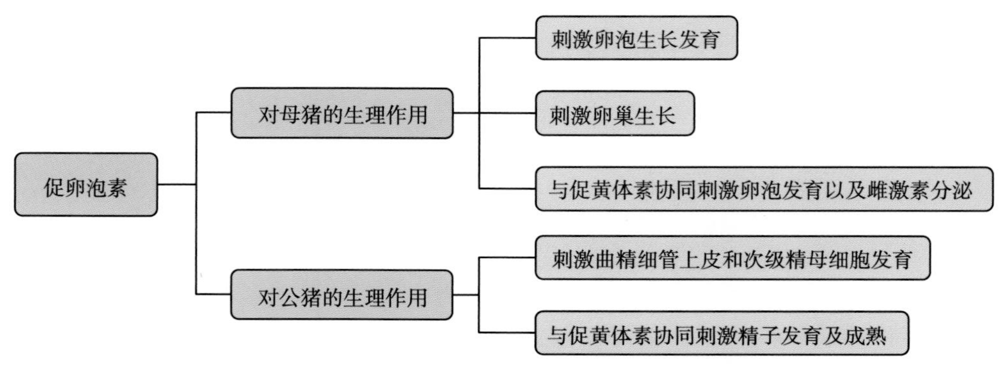

图 13　促卵泡素对母猪的生理作用示意图

（2）对公猪的生理作用

①刺激曲精细管上皮和次级精母细胞的发育。

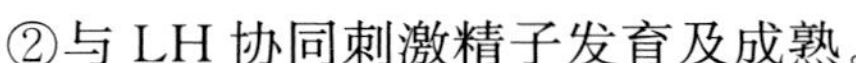

②与 LH 协同刺激精子发育及成熟。

19. 促黄体素（LH）有哪些主要的生理功能？

（1）对母猪的生理作用

①刺激卵泡发育成熟和诱发排卵。在发情周期中，LH 协同 FSH 刺激卵泡生长发育。在卵泡发育过程中，优势卵泡选择和卵泡成熟依赖 LH 的刺激。当卵泡发育接近成熟时，LH 也大量分泌，快速达到峰值，引起卵泡排卵。

②促进黄体形成。因 LH 能引起黄体形成而得名，未成熟的颗粒细胞只有在加入 FSH 和 LH 后才能黄体化（图 14）。

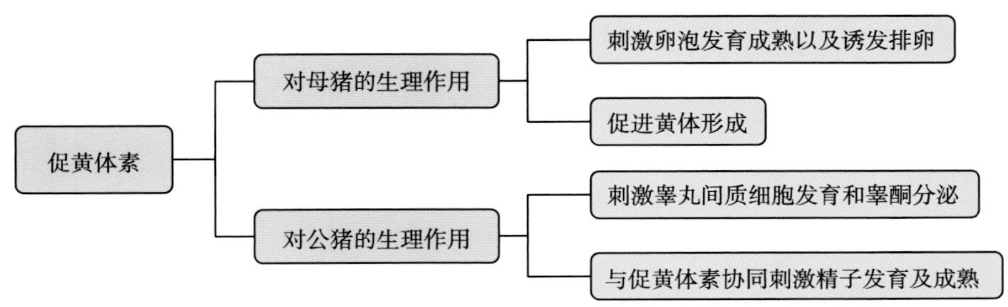

图 14　促黄体素对母猪的生理作用示意图

（2）对公猪的作用

①刺激睾丸间质细胞发育和睾酮分泌。

②与 FSH 协同刺激精子成熟。

20. 催产素（OXT）有哪些主要的生理功能？

催产素 OXT 又称缩宫素，主要由下丘脑视上核及室旁核细胞合成和分泌，由垂体后叶释放入血的一种九肽神经内分泌激素，有促进分娩、哺乳、预防产后出血等基本功能。催产素由 9 个氨基酸组成，其中 2 个半胱氨酸在第一、第六位组成 1 个二硫键，相对分子量为 1 007，在血液循环中以自由肽的形式存在（图 15）。

OXT 是一种子宫收缩药，可从动物脑垂体后叶中提取或通过化学合成获得。化学合成品对子宫平滑肌有选择性兴奋作用，可加强其收缩。母猪临产前子宫对 OXT 最敏感（雌激素分泌增加），未成熟子宫对本品无反应性，妊娠早期或中期子宫对 OXT 的反应性较低，妊娠后期逐渐增高，至临产前达最高。小剂量的 OXT 可加强子宫底部平滑肌的节律收缩，使其收缩力加强，收缩频率加快，收缩性质与自然分娩类似，并保持极性和对称性，故临床用于催产、引产。大剂量的 OXT 使子宫肌呈强直性收缩，临床用以压迫肌纤维间血管，防治产后出血和产后复旧不全；还有促进泌乳作用，使乳腺导管收缩，促使乳汁从乳房排出，但不能增加乳汁的分泌量，仅能促进排乳。

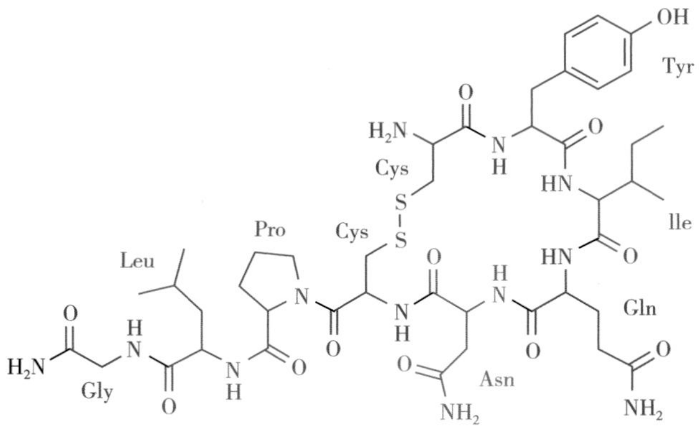

图 15　催产素分子结构图

21. 雌激素（雌二醇，E2）有哪些主要的生理功能？

雌激素主要来源于母猪卵泡内膜细胞和卵泡颗粒细胞，在母猪生长发育的各个阶段发挥不同的生理作用（图 16）。

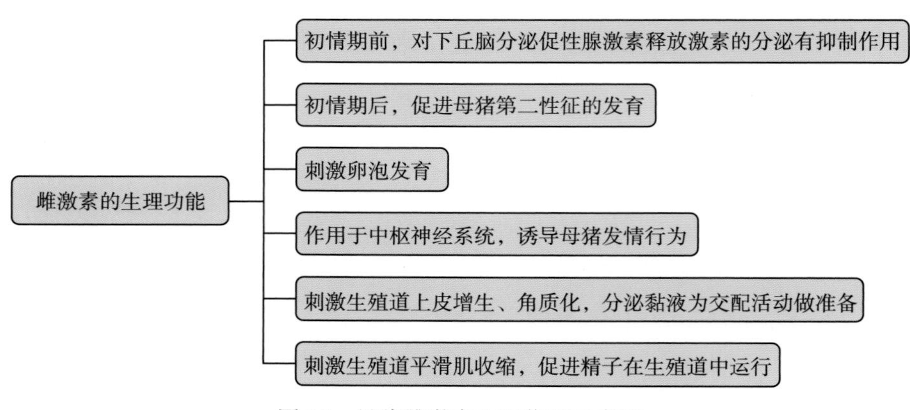

图 16　母猪雌激素生理作用示意图

①在初情期以前，雌激素对下丘脑 GnRH 的分泌有抑制作用。

②在初情期以后对第二性征的发育有促进作用。

③刺激卵泡发育。

④作用于中枢神经系统，诱导发情行为。

⑤刺激子宫和阴道腺上皮增生、角质化，并分泌黏液为交配活动做准备。

⑥刺激子宫和阴道平滑肌的收缩，促进精子在生殖道中的运行，有利于精卵结合。

⑦在母猪妊娠后期雌激素与 OXT 协同作用，刺激子宫平滑肌收缩，有利于母猪分娩。

22. 孕激素（P4）有哪些主要的生理功能?

孕激素主要由卵泡内膜细胞、颗粒细胞分泌，在雌性动物第一次发情并形成黄体后，主要由黄体分泌。正常情况下，孕激素与雌激素共同作用于母猪的不同繁殖阶段，通过协同和拮抗两种途径调节生殖活动（图 17）。

①在母猪发情周期中黄体形成后，分泌孕酮抑制母猪发情行为。

②在母猪发情过程中，作用于母猪子宫和阴道上皮细胞，分泌浓稠黏液。

③在母猪妊娠过程中，通过抑制子宫内炎性反应，使子宫平滑肌处于静息状态，维持妊娠。

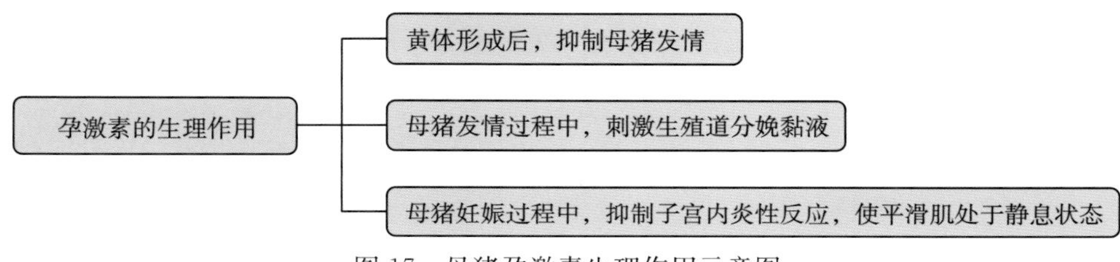

图 17　母猪孕激素生理作用示意图

23. 在母猪发情周期中卵泡发育过程有哪些形态特点?

发情前期（发情开始前 3～4d），上一个发情周期所形成的黄体进一步退化萎缩，卵巢上开始有新的卵泡生长发育。发情期，卵巢上的卵泡迅速发育，卵泡内膜增生，卵泡液分泌增多，卵泡体积增大，卵泡壁变薄且突出于卵巢表面，排出卵母细胞。发情后期是排卵后黄体开始形成时期，卵泡破裂排卵后，黄体开始形成并分泌孕酮作用于生殖道，为妊娠做准备。如果母猪没有怀孕，则进入间情期，黄体也开始退化萎缩，卵巢有新的卵泡开始发育，又进入到下一次发情周期的前期。

24. 在母猪发情周期中黄体形成及退化会经历哪些变化?

成熟卵泡破裂、排卵后，由于卵泡液排出，卵泡壁塌陷皱褶，从破裂的卵泡壁血管流出血液和淋巴液，并聚集与卵泡腔内，形成的血凝块被称为红体。此后颗粒细胞在 LH 的作用下吸收大量脂质，增生肥大，变成黄体细胞，构成黄体的主体部分。同时卵泡内膜分生出血管，布满于发育中的黄体，随着这些血管的分布，卵泡内膜细胞也迁移至黄体细胞之间，参与黄体的形成，成为卵泡内膜细胞来源的黄体细胞。

黄体退化时，有颗粒细胞转化的黄体细胞出现细胞质的空泡化及核萎缩。随着微血管的退化，黄体供血减少，黄体细胞的数量和体积也显著减少。颗粒细胞层细胞逐渐被纤维细胞代替，黄体细胞间结缔组织侵入增殖，最后整个黄体细胞被结缔组织替代，形成一个斑痂，颜色变白，称为白体（图 18）。

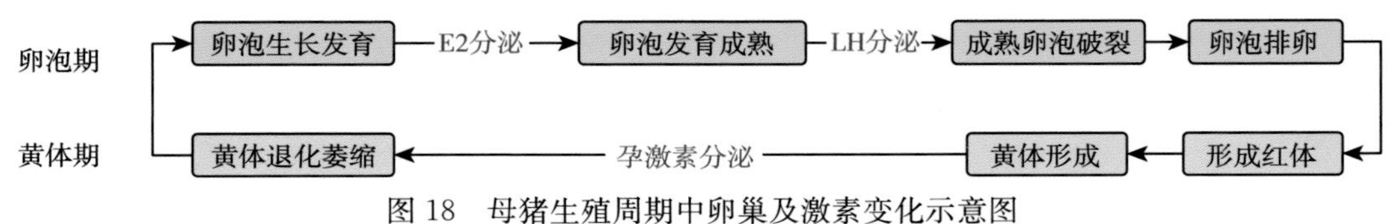

图 18　母猪生殖周期中卵巢及激素变化示意图

25. 在母猪发情周期中雌激素、孕酮以及促黄体素浓度会出现哪些变化?

母猪卵泡期外周血浆雌激素浓度由 10～30pg/mL 增加到 60～90pg/mL，而排卵前 LH 峰值为 4～5ng/mL。正常情况下母猪会在 LH 峰后的 40～48h 排卵。孕酮浓度由排卵前的小于 1.0ng/mL 增加到黄体中期的 20～35ng/mL。

26. 什么是母猪的发情期? 发情期间母猪生殖道和性行为有哪些变化?

母猪的发情期是指母猪性欲到达高潮的时期。此时阴道和阴户黏膜充血肿胀明显，子宫黏膜显著增生，子宫颈开张，子宫肌层蠕动增加，腺体分泌增多，有大量透明稀薄黏液排出。该阶段母猪采食量和运动量明显减少，母猪在公猪刺激下出现静立反射，接受公猪爬跨（图 19、图 20）。

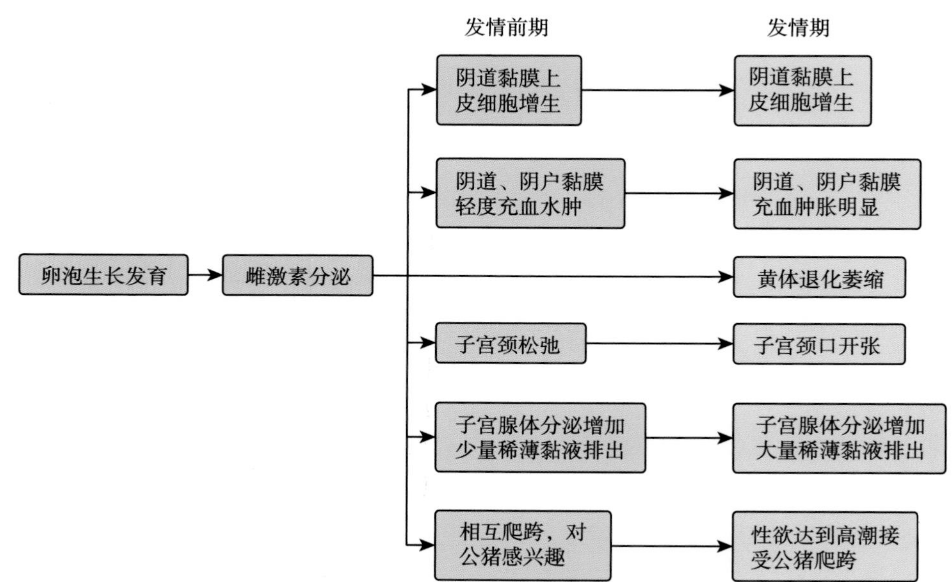

图 19　母猪卵泡期生殖道及行为特征变化示意图

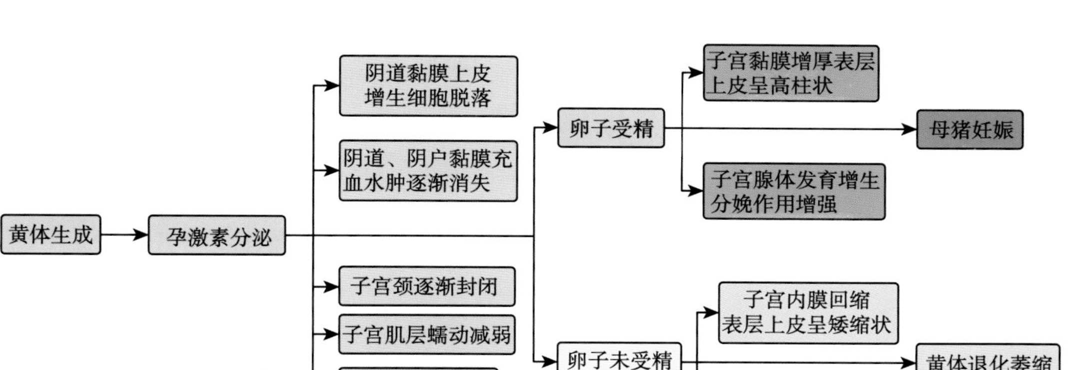

图 20　母猪黄体期生殖道及行为特征变化示意图

27. 什么是母猪的排卵？排卵一般发生在母猪发情期的什么时间？

发情征象消失时表明卵泡已发育成熟，卵泡体积达到最大。此时，在激素作用下，卵泡壁发生破裂，卵母细胞从卵泡中排出，即“排卵”。

28. 卵母细胞在生殖道中会经历哪些变化？

①卵泡破裂排卵后，卵母细胞包裹在放射冠和卵丘细胞中被输卵管伞接纳。输卵管伞内膜的表面纤毛与卵母细胞外层的卵丘细胞相互作用，促使卵母细胞进入输卵管。

②在输卵管的收缩、液体的流动以及纤毛摆动的协助下，卵母细胞最后到达输卵管壶腹部，等待精子的到来，以完成受精过程。

29. 精子如何在母猪生殖道内运行，最终到达受精部位？

①精子进入子宫颈。尽管母猪在发情期间子宫颈处于开放状态，但其特殊的解剖结构使得仅有约 1/1 000 的精子能够进入子宫颈。

②精子通过子宫颈进入子宫。对精子而言，子宫颈是进入子宫的第一个生理屏障，精子进入子宫颈后，有大约 1/30 000 的精子能够顺利进入子宫。部分不能通过子宫颈的精子则会进入子宫颈的“隐窝”中，形成初级精子库，在较长时间内缓慢释放。

③精子通过子宫。精子在子宫收缩的帮助下通过子宫。部分不能顺利通过宫管结合部的精子与子宫内的子宫上皮细胞结合，形成次级精子储存库，以逃避免疫细胞。精子获能

后能够不断地向前运动，到达宫管结合部。

④通过宫管结合部。宫管结合部是精子的第二道生理屏障，狭窄的入口能够阻格绝大部分精子进入输卵管。自然交配公猪的 1 份精液中含有 400 亿～600 亿个精子，最后仅有大约 1 000 个精子进入输卵管。

⑤经过输卵管峡部，到达壶腹部。输卵管峡部是输卵管最狭窄的区域，也会使部分精子无法通过。经过重重筛选，总共会有大约 500 个精子能够进入输卵管壶腹部，等待卵母细胞的到来，完成受精过程（图 21）。

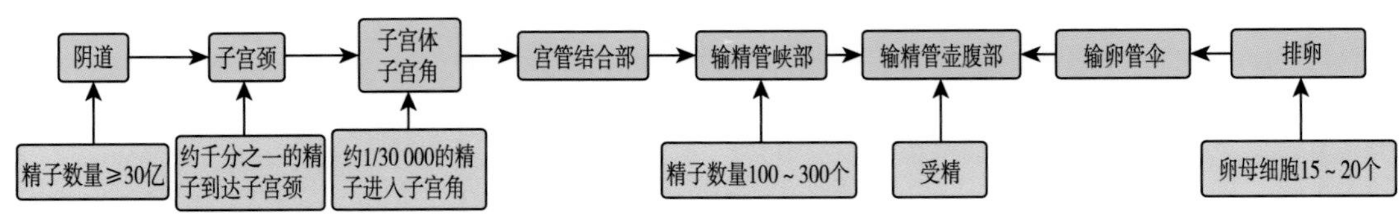

图 21　精子生殖道运行示意图

30. 什么是母猪的受精？母猪的受精会经历哪些变化？

受精是指卵母细胞和精子融合为受精卵的过程。在这个过程中，精子和卵母细胞会经历以下变化（图 22）。

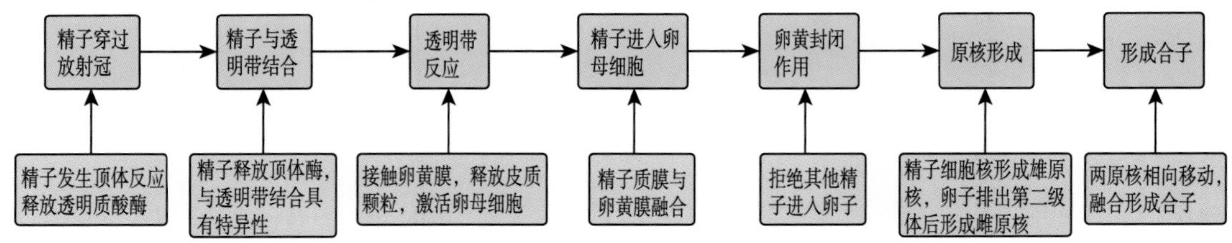

图 22　精子与卵母细胞受精过程示意图

①精子穿过放射冠：卵母细胞周围被放射冠细胞包围，这些细胞以胶样基质粘连；精子发生顶体反应后，可释放透明质酸酶，溶解胶样基质，使精子接近透明带。

②精子穿越透明带：当精子与透明带接触后，有短期附着和结合过程，有人认为在这段时间前顶体素转变为顶体酶，精子与透明带结合具有特异性，在透明带上有精子受体，保证种的延续，避免种间远缘杂交，顶体酶将透明带溶出一条通道，精子借自身的运动穿过透明带。

③透明带反应：当第一个精子接触卵黄膜，激活卵母细胞，同时卵黄膜发身收缩，释放一种物质（皮质颗粒），迅速在卵黄膜表面传播，扩散到卵黄周隙，它能使透明带发生变化，拒绝接受其他精子入卵。透明带的这种变化称为透明带反应。猪的透明带反应不迅速，会有额外的精子进入透明带，此类精子被称为补充精子。

④精子穿过卵黄膜：精子头部接触卵黄膜表面，卵黄膜的微绒毛抓住精子头，然后精子质膜与卵黄膜相互融合，形成统一膜覆盖于卵母细胞和精子的外部表面，精子带着尾部一起进入卵黄，在精子头部上方卵黄膜形成一突起。

⑤卵黄封闭作用（多精入卵阻滞）：当卵黄膜接纳 1 个精子后，拒绝接纳其他精子入卵的现象称之为卵黄封闭。可严格控制多精入卵。

⑥原核形成：精子入卵后，引起卵黄紧缩，并排出少量液体至卵黄周隙；精子头部膨大，尾部脱落，细胞核出现核仁，并形成核膜，构成雄原核；由于精子入卵刺激，使卵母细胞恢复第二次成熟分裂，排出第二极体，卵母细胞核膜、核仁出现，形成雌原核。两原核同时发育，在短时间内体积增大 20 倍。两原核相向移动，融合形成合子。

31. 哪些因素会影响精子在生殖道中的运行？

①精子活力：精子的运动能力主要体现在精子尾部鞭毛的运动能力上。

②激素作用：一方面，母猪交配时受到公猪的刺激，引起垂体后叶释放催产素，作用于生殖道的平滑肌，使其收缩频率增加，促进精子的运行。另一方面，精液中含有精囊腺分泌的前列腺素，与母猪生殖道中的受体结合后，也能够刺激子宫和输卵管的肌肉收缩。

③生物化学作用：精子进入母猪生殖道中后，被大量黏液稀释，使得精子 pH 环境发生较大变化，可刺激精子鞭毛的运动，增强其活力（图 23）。

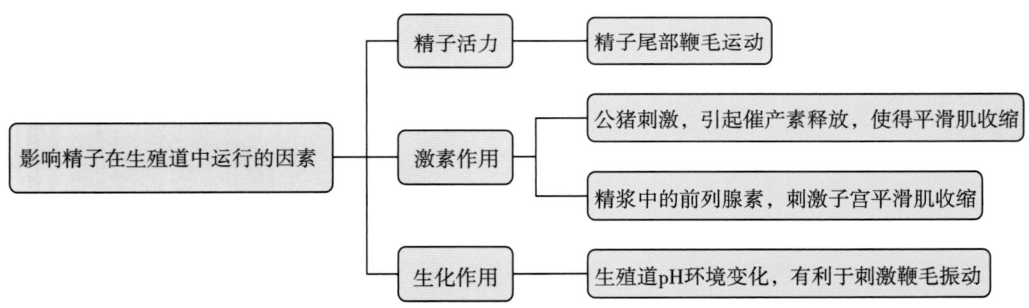

图 23　精子在母猪生殖道中运行因素示意图

32. 什么是精子获能？

新鲜射出的精子尚未获得渐进运动能力或受精能力，它们必须通过一系列的生理和生化变化来获得这种能力，这一过程统称为精子获能。

33. 什么是母猪的妊娠？母猪妊娠期从什么时候开始计算？

妊娠又称“怀孕”，是从卵子与精子融合形成受精卵开始，直到胎儿发育成熟后与其附属物共同排出母猪体过程的总称。母猪的妊娠期是指从受精开始（母猪第一次接受配种的日期为妊娠的 0d）到分娩为止的时间，以天为单位。

34. 母猪生产中预产期的推算方法?

(1)"三三三"推算法

母猪的妊娠期一般在108～123d，平均为114d。

妊娠母猪预产日期的估算常采用"三三三"推算法。即母猪配种日期的月数加3个月(90d)，配种日数加3周又3d(21+3=24d)，刚好是114d。如配种期为3月9日，3月加3个月为6月，日期9日加3周3d，9+21+3=33日(1个月按30d计算，33d为1个月零3d)，则该母猪的预产期为7月3日。实际生产中，不同的母猪可能会提前或推后7d左右。

(2)加4减6法

"月份加4，日期减6"推算法，即从母猪配种日的月份加4，日期减6，结果即为母猪预产期。这种推算方法不分大月、小月和平月，但日期减6要按大月、小月和平月计算。例如配种日期为12月20日，12月加4为4月，20日减6为14日，即母猪的妊娠日期大致在4月14日。使用上述推算法时，如月不够减，可借1年(即12个月)，日不够减可借1个月(按30d计算)；如超过30d进1个月，超过12个月进1年。

35. 母猪妊娠的识别与建立一般需要多长时间?

当母猪排出的卵受精后，即妊娠的初期，孕体(胎儿、胎膜和胎水构成的综合体)即能产生信号(激素)传感给母体，母体随即产生一定的反应，从而识别胎儿的存在，由此，孕体与母体之间建立起密切的联系，这叫做妊娠的识别。孕体和母体之间产生了信息传递和反应后，双方的联系和互相作用已通过激素的媒介和其他生理因素固定下来，从而确定开始妊娠，这叫做妊娠的建立(或确立)。母猪在妊娠的11～13d就开始产生雌激素(主要是硫酸雌酮)，它是母体识别孕体的信号，具有促进黄体分泌孕酮的功能。

36. 影响母猪维持妊娠的主要因素有哪些?

(1)遗传

当猪胚胎发生染色体畸变，特别是非同源染色体之间的交互易位，会出现染色体分配不平衡的情况，这些染色体缺损核型的胚胎都是无法正常发育的，在妊娠早期或中期引起妊娠终止或流产。

(2)生殖内分泌的平衡

生殖内分泌对妊娠和胚胎发育的影响主要体现在两点。一是孕体产生的激素，如雌

激素、绒毛膜促性腺激素等，二是受下丘脑—垂体调控的卵巢激素的分泌，这里主要是孕激素的分泌。

（3）子宫内环境的稳定

①子宫内膜的生理状态及对胚胎的容受性对胚胎发育的影响。母猪胚胎移植试验说明子宫内膜状态与胚胎发育的同步性，是胚胎与母体能否建立妊娠的关键。在胚胎识别阶段，子宫内膜的免疫状态也是胚胎能否在子宫内顺利植入（又称附植）的重要条件。

②胚胎发育对子宫环境的影响。在胚胎发育的 11～13d，猪胚胎分娩的雌激素是母猪维持黄体发育的重要信号。母猪可通过改变子宫—卵巢脉管中前列腺素的流向，使前列腺素排入子宫腔内，从而阻止黄体的溶解。

（4）营养因素

母猪妊娠期间，不仅需要维持自身代谢，还需要保证胎儿发育所需营养。除了保证母猪能量和蛋白质的需求以外，维生素、矿物质及微量元素对胎儿发育也起着非常重要的作用。此外，饲料霉变、药物中毒等均会引起母猪妊娠终止，发生流产。

（5）环境因素

温度和光照是母猪生产实践中应主要考虑的因素，特别是热应激，由热应激引起母猪发生流产的情况时有发生。如果是自然采光，每头母猪应保证 16h 以上的光照，不足部分可通过人工光照补齐。

（6）疾病因素

在母猪生产中需要重点防控能引起母猪胎儿死亡、流产的繁殖障碍疾病。如猪瘟、猪伪狂犬病、乙型脑炎、猪细小病毒病、猪繁殖与呼吸综合征（又称猪蓝耳病）等疾病（图 24）。

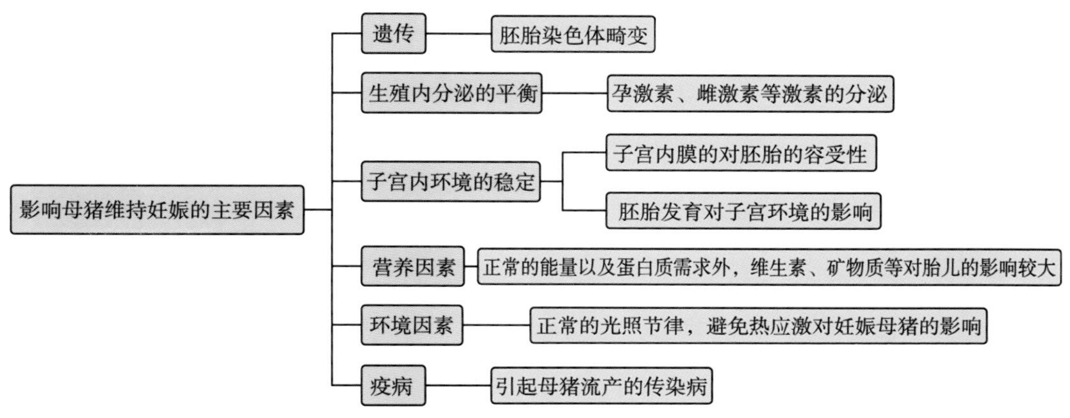

图 24　影响母猪维持妊娠的主要因素

37. 什么是胎盘？母猪的胎盘属于什么类型？

胎盘通常指由尿膜绒毛膜和子宫黏膜发生联系所形成的构造。其中尿膜绒毛膜部分称为胎儿胎盘，而子宫黏膜部分称为母体胎盘。在胎儿发育的早期，主要通过胎盘从母体吸取营养，对胎儿来说，胎盘是具有很多功能并和母体有联系，但又相对独立的暂时性器官。猪的胎盘是典型的弥散胎盘，其绒毛膜的绒毛分布于整个绒毛膜表面。猪的胎盘绒毛有集中现象，即少数较长绒毛聚集在小而圆的被称作绒毛晕的凹陷内。绒毛的表面有1层上皮细胞，每条绒毛上部都有动脉、静脉的毛细血管分布。与绒毛相对应，子宫黏膜上皮向深部凹入形成腺窝，绒毛插入此腺窝内，为孕体的发育获取营养。因此母猪胎盘又被称为上皮绒毛膜胎盘。

38. 胎膜由哪些结构组成，有何作用？

胎膜是胎儿本体外包披着的几层膜的总称，包括羊膜、尿膜和绒毛膜，其主要作用是与母体子宫黏膜交换养分、气体及代谢产物，是对胎儿发育起重要作用的临时性器官。

①羊膜为单层上皮细胞互相连接构成的薄膜。单层上皮细胞具有分泌羊水的作用。随着胚胎的生长发育，羊膜与绒毛密切紧贴，形成胎膜。胎膜（即羊膜腔的囊壁）随着羊膜腔逐渐扩大而呈半透明的薄膜，无血管，富有韧性。羊膜腔内充满的液体为羊水。羊膜仅覆盖在胎盘的胎儿面，并不深入胎盘组织中，随着妊娠的进展羊膜腔逐渐扩大，占据整个子宫腔，羊膜是胎膜最内一层，是一层半透明的薄膜，与覆盖在胎盘、脐带的羊膜层相连接。

②尿膜：由胚胎的后肠向外生长形成，其功能相当于胚体外临时膀胱，对胎儿的发育起缓冲保护作用。

③绒毛膜：是胚胎的最外层膜，由滋养层和胚外中胚层组成。随着胚胎发育，丛密绒毛膜与基蜕膜共同构成了胎盘，而平滑绒毛膜则和包蜕膜一起逐渐与壁蜕膜融合。绒毛的发育使其与子宫蜕膜的接触面增大，利于胚胎与母体间的物质交换。

④脐带：是联系胎儿与胎盘的束状组织，被覆羊膜和尿膜，其中包含2支脐动脉和1支脐静脉。脐动脉含胎儿静脉血，脐静脉则富含氧和其他营养物质（图25）。

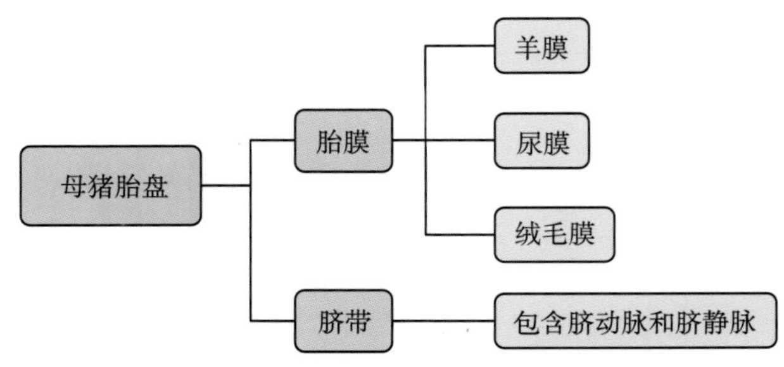

图25　母猪胎盘解剖结构示意图

39. 母猪胎盘有哪些主要的生理功能？

（1）物质交换功能

气体交换即氧交换、二氧化碳交换；营养物质供应，供给胎儿发育所需要的所有营养物质；排除胎儿体内的代谢产物。

（2）防御功能

尽管胎盘的屏障作用极为有限，但对有些细菌、病原体和药物有一定的屏障功能。

（3）合成功能

合成分泌绒毛膜促性腺激素、雌激素、孕激素、催产素酶、耐热性碱性磷酸酶、细胞因子与生长因子。

（4）免疫功能

胎盘组织产生大量组氨酸，可以防止血管因局部缺血所伴发的排斥作用。

（5）其他功能

①贮藏功能：如妊娠初期，胎盘生长很快。大量的营养物质（蛋白质、糖原、钙、铁等）贮存于胎盘细胞内，以供胎儿生长需要。

②代谢调节功能：胎盘具有肝脏的功能，它不仅能贮备营养，而且有调节作用，发育后期，胎儿肝脏逐渐生长发育完备，胎盘的代谢调节功能才逐渐减退以至消失。胎盘还能改造及合成一些物质，具有类似消化道、肺、肾、肝和内分泌腺的多种功能，而且能调节这些功能来保护胎儿和母体，使妊娠顺利进行（图 26）。

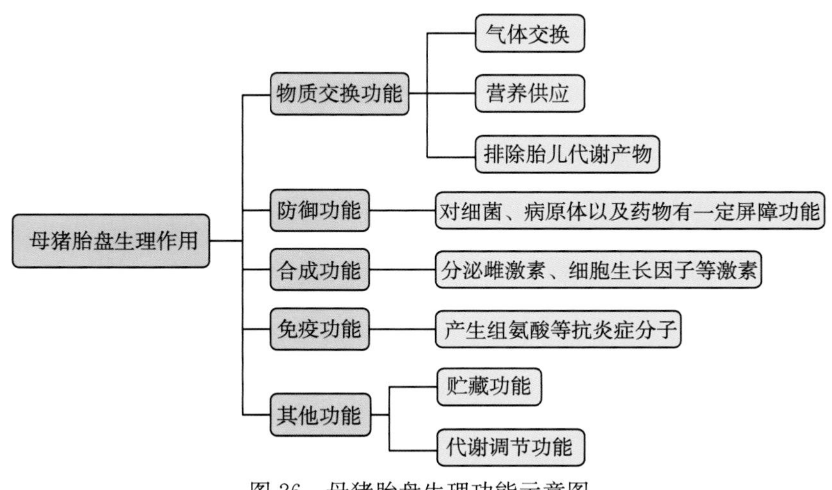

图 26　母猪胎盘生理功能示意图

40. 母猪妊娠期间母体会出现哪些生理上的变化?

(1) 体重和背膘的变化

妊娠早期，母猪新陈代谢旺盛，食欲增进、消化能力提高，营养状况得到改善，表现为体重增加，毛色光润。妊娠中后期，胎儿生长发育迅速，如果饲养管理不当，会导致母猪失重明显，从而引起母猪产后无乳、不发情等一系列问题。

(2) 卵巢的变化

母猪配种后，如果没有妊娠，卵巢上的黄体会退化，开始下一轮发情周期。胚胎与母体建立妊娠关系后，卵巢上的黄体会持续存在，进一步发育成妊娠黄体，在妊娠中起主导作用。

(3) 生殖道的变化

母猪妊娠后，子宫体积、黏膜、血液供应和子宫颈等随着胎儿发育的进程也发生明显的变化（图 27）。

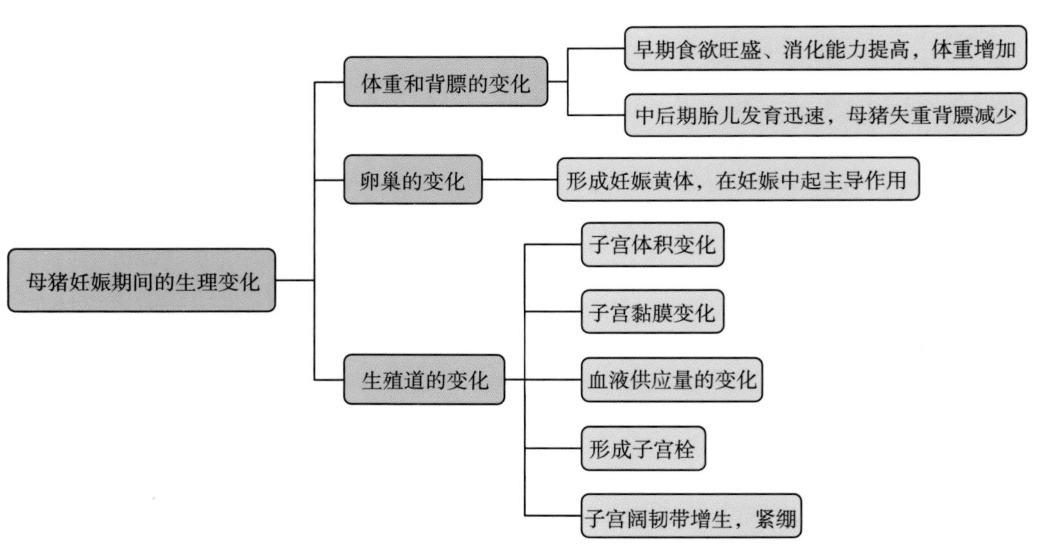

图 27 母猪妊娠期间生理变化示意图

①体积位置变化：母猪妊娠后子宫不仅表现为黏膜增生，子宫肌肉组织也在生长。子宫角最长可达 3m，曲折的位于腹底，向上可达横膈。妊娠后期，子宫肌纤维逐渐肥大增生，体积显著增加。

②子宫黏膜：子宫黏膜在雌激素与孕酮的先后作用下，血液供应增多，上皮增生，黏膜增厚，形成大力褶皱，使得表面积增大。在妊娠中后期，子宫黏膜占据整体子宫，形成

母体胎盘。

③血液供应：妊娠子宫的血液供应量随着胎儿发育所需要的养分增多而增加，子宫血管分支逐渐增多。主要血管明显变粗，子宫中动脉和后动脉的变化特别明显。

④子宫颈：母猪妊娠后子宫黏膜上皮分泌黏稠的液体，填充于子宫颈内，称为子宫栓。

⑤子宫阔韧带：母猪妊娠后，子宫阔韧带中的平滑肌纤维及结缔组织增生，使子宫阔韧带变化。此外，由于子宫重量逐渐增加，子宫下垂，使得子宫阔韧带伸长紧绷。

41. 母猪妊娠期间生殖激素有哪些变化？

妊娠期间母猪体内分泌系统发生明显变化，各种激素的协调平衡是维持妊娠的基本条件。

①雌激素：母猪在妊娠后 2～4 周，雌激素含量开始上升，到 8～10 周逐渐减少，到临产前 40d 和临产前 8h，有开始增加。

②孕激素：母猪在妊娠后血浆中孕酮水平逐渐升高，在临产前 7d 左右开始降低，临产前一天降至最低。

③松弛素：母猪在配种受胎后，松弛素水平持续升高，直至分娩时达到最高水平。

42. 什么是母猪的分娩？

分娩是指母猪在经过约 114d 的妊娠期后，胎儿在母猪体内发育成熟，母猪将胎儿及胎盘从子宫排出体外的生理过程。

43. 影响母猪分娩启动的主要因素有哪些？

至分娩前数天，成熟胎儿分泌大量皮质激素，引起胎盘分泌大量雌激素，引起母体子宫内膜开始分泌前列腺素。高水平松弛素使耻骨松弛，为母猪分娩做准备。前列腺素抑制胎盘分泌孕酮，并且溶解妊娠黄体，致使分娩前孕酮含量急剧降低，这些激素的变化使子宫内化学感受器对刺激的敏感性快速提高，开始对乙酰胆碱和垂体后叶激素等催产物质产生较强的反应，从而导致子宫肌产生自发性收缩。此时，一方面，由于子宫颈、阴道受到来自子宫的压力刺激，反射性引起母体垂体释放催产素；另一方面，雌激素的增加也促进了催产素的大量分泌，在催产素或催产素与前列腺素的协同作用下，使子宫阵缩增强，引起分娩（图 28）。

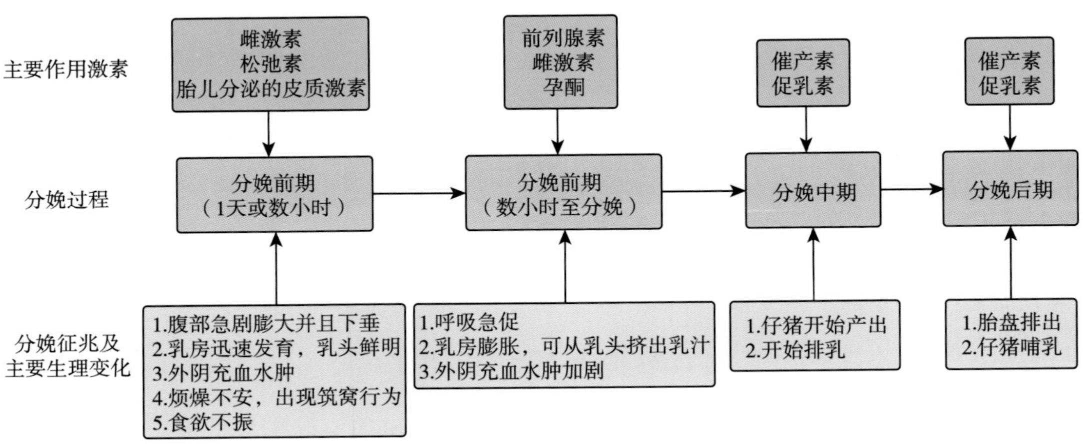

图 28 母猪分娩前后生理变化及主要作用激素示意图

44. 母猪临产前会出现哪些行为和生理变化?

在分娩的每一阶段中，与外观变化主要相关的激素总结在表 1 中。

分娩前 3～4 周变化开始显现，到移入分娩舍时（分娩前 1 周）已很明显。与此变化有关的激素主要是雌激素和松弛素，一旦进入怀孕后期，它们在血液里的浓度就会增加。松弛素是对母畜分娩前产道有松弛作用的多肽激素，它可以使骨盆韧带松弛，耻骨联合张开。

表 1 不同分娩阶段母猪外观变化及有关激素

时期	外观变化	与此有关的激素
分娩前 （前 1 天至前数小时）	1. 腹部急剧膨大并且下垂 2. 乳房迅速发育，乳头鲜明 3. 外阴部像发情期一样膨胀并且逐渐松弛 4. 行为不安，出现做窝行为 5. 食欲不振	雌激素、松弛素、胎儿分泌的皮质醇
分娩初期	1. 呼吸急促 2. 乳房膨胀，可以从乳头挤出乳汁 3. 阴部的水肿更加显著	前列腺素、雌激素、孕酮
分娩中期	1. 仔猪开始产出 2. 开始流出乳汁	催产素、促乳素
分娩后期	1. 胎盘排出 2. 哺乳	催产素、促乳素

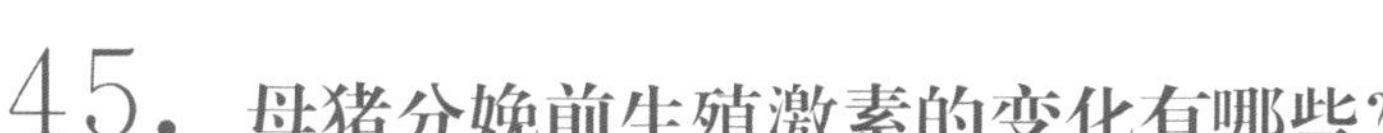

45. 母猪分娩前生殖激素的变化有哪些？

（1）孕酮和雌激素比例的变化

在阵痛来袭之前，母体内有 2 种激素的水平会发生急剧的变化。在维持妊娠上起主导作用的孕酮，其水平变得比在子宫收缩中只起着辅助作用的雌激素的水平还低。这种急速的逆转，对于子宫而言，意味着将从一个平稳的休止状态转换到一个能够收缩的活动状态。孕酮和雌激素的比例逆转，还能刺激母猪泌乳。此时，用手挤一挤其乳头，感觉能挤出乳汁。

（2）肾上腺皮质激素的变化

这种变化是胎儿产生的肾上腺皮质激素进入母体后发生的。肾上腺皮质激素可以促进母体前列腺素物质的产生，常作为诱发母猪分娩的药剂使用。前列腺素使生产孕酮的黄体退化，孕酮水平急剧地下降。

（3）松弛素的变化

能够使子宫颈松弛的松弛素在分娩前就已储存在黄体中，在黄体退化时一口气地被释放出来。通过这一过程，除了子宫颈外，连骨盆韧带也变得十分松弛，这就是常说的“产道打开”状态。被多根骨头所包围着的骨盆是胎儿分娩的必经之路，平常由韧带紧紧地连接在一起。

（4）雌激素的变化

雌激素除了具有使产道保持松弛的作用外，还有为了使之后分泌的催产素能发挥更为强烈的作用，事先提高子宫肌肉对催产素敏感性的作用。该阶段，尽管产道已经处于充分的松弛状态，但作为胎儿产出的前阶段是有必要的。

46. 母猪分娩过程一般分为哪几个阶段？各阶段有何特点？

（1）分娩的第一阶段（开口期、准备期）

母猪体内开始有了缓慢的阵痛，羊水和胎膜因子宫的收缩被推向子宫颈。随着子宫阵缩的频率和强度逐渐加强，受到挤压的胎膜被子宫推到松弛的子宫颈口，胎膜破裂，流出羊水。

（2）分娩的第二阶段（产出期）

母猪胎膜受到挤压导致胎膜破裂的现象被称为破水。随着羊水不断流出，受到胎儿即将进入产道的刺激，催产素从大脑不停地被释放出来。之后，产生更强烈的阵痛。催产素刺激子宫肌肉，使其周期性收缩，尝试把子宫内的胎儿推挤出去。

将胎儿推出子宫的生理反应，不仅来自子宫的收缩，还有母猪的腹肌和横膈膜，也就是腹部周围所有肌肉都随着阵痛同时收缩，力图把胎儿推挤出。在母猪腹部使劲时，助产师将手伸入母猪产道内后，会感觉到有一股强烈的力量将手顶回去。这是由母猪因阵痛产生的不经意收缩，以及由腹部使劲产生的随意收缩汇合在一起形成的力量。

（3）分娩的第三阶段（胎衣期）

胎儿全部娩出后，子宫持续收缩至胎盘排出的这段时间是母猪分娩的第三阶段。母猪在分娩时若已经把胎盘排出，因此和第二阶段之间没有特别明显的区别，但大多数情况是胎盘在全部胎儿产出0.5～2h后一起排出。胎盘的重量取决于产仔的数量，但是每只仔猪的胎盘最多重200g。胎盘的重量和产仔的数量在分娩结束时就能知道。到胞衣排出为止，一个清楚完整的分娩过程就结束了。

47. 决定母猪分娩过程的要素有哪些？

（1）产力

将胎儿从子宫中排出的力量，统称产力，是由子宫肌和腹肌有节奏地收缩共同形成的。阵缩是指子宫肌有节奏的收缩，尤以子宫环形肌收缩最为有力，是母猪分娩过程中的主要动力。努责由腹肌和膈肌的收缩引起，是分娩过程中胎儿排出的辅助动力。努责能使腹腔内压增高，从而加强对子宫的压迫。这两种分娩产力强度、频率以及协同配合，决定分娩过程的快慢。

（2）产道

产道是分娩时胎儿由子宫内排出的必经之道，其大小、形状和松弛程度影响分娩过程。产道一般分为软产道和硬产道。

①软产道是指子宫颈、阴道、前庭及阴门这些软组织构成的通道。子宫颈是子宫的门户，妊娠时处于紧闭状态，分娩前在激素的作用下开始逐渐软化、松弛，分娩时完全张开。此外，分娩时阴道、前庭与阴门也变得柔软松弛，富有弹性，以适应胎儿的排出。

②硬产道（骨盆）是由荐骨、髂骨、荐坐韧带等组成。

骨盆入口是腹腔通往骨盆腔的通道，由荐骨基部（顶部）、两侧髂骨干、耻骨前缘底部所围成。入口大小由荐耻径、横径和倾斜度的大小决定。入口大小、形状、倾斜度和能否扩张是决定胎儿能否进入盆腔的关键。

骨盆出口上方有荐骨、前3个尾椎，两侧由荐坐韧带和半膜肌构成，骨盆出口的下方由坐骨弓构成。出口的上下径是指倒数第三个尾椎和坐骨联合后端的连线长度。一般尾椎骨的活动范围较大，在分娩时上下径较容易扩大。而出口的横径是两端坐骨结节之间的连线，坐骨结节构成出口侧壁的一部分，所以坐骨结节越高、出口处骨质部分越多，就越容易妨碍胎儿通过。

骨盆腔是骨盆入口与出口之间的腔体。骨盆腔的大小决定于骨盆腔的垂直径和横径。垂直径是骨盆联合前端向骨盆顶所做的垂直线的长度。横径是两侧坐骨上嵴之间的距离。坐骨上嵴越低，则荐坐韧带越宽，胎儿越容易通过。

骨盆轴是条假象线，是指通过入口荐耻径、骨盆垂直径和出口上下径 3 条线的中点所构成的曲线。线上的任何一点距骨盆壁内面各对称点的距离都相等，是代表胎儿通过骨盆时所经过的路线。骨盆轴越直越短，则胎儿通过时的路径就越短，就更容易通过。

（3）胎向

胎向是指胎儿在母体子宫内的方向，即胎儿纵轴与母体纵轴之间的关系。通常胎向有 3 种情况。

①纵向：是指胎儿纵轴与母体纵轴相互平行的分娩方式。纵向分娩有两种可能，即正生和倒生。

正生，胎儿方向与母体方向相反，头和前肢先进入骨盆腔。

倒生，胎儿方向与母体方向相同，胎儿的后肢或臀部先进入骨盆腔。

②横向：是指胎儿横卧在母体子宫内，胎儿的纵轴与母体的纵轴呈水平交叉的分娩方式。横向分娩有如下 2 种情况：

一是背横向，又称为背部前置横向，是指分娩是胎儿背部向着产道出口。

二是腹横向，又称为腹部前置横向，是指分娩时胎儿腹部向着产道出口。

③竖向：是指胎儿的纵轴与母体的纵轴呈上下垂直状态的分娩方式。有如下 2 种情况：

一是背竖向，是指分娩时胎儿背部向着产道出口。

二是腹横向，是指分娩时胎儿腹部向着产道出口。

分娩时，纵向是正常的胎向，横向和竖向都属反常胎向，易难产。

（4）胎位

胎位是指胎儿在母体子宫内的位置，即胎儿的背部与母体背部或腹部的关系。通常有 3 种情况：

①上位（背荐位）是指胎儿伏卧在母体子宫内，胎儿背部在上，向着母体的背部和荐部。

②下位（背耻位）是指胎儿仰卧在母体子宫内，胎儿背部在上，向着母体的腹部和耻部。

③侧位（背髂位）是指胎儿侧卧在母体子宫内，胎儿的背部偏于一侧，朝向母体左侧或右侧腹壁或髂骨。

母猪分娩时，上位是正常胎位，下位和侧位均为不正常胎位。

（5）胎势

胎势是指胎儿在母体子宫内的姿势，主要是指胎儿身体各部分的屈伸程度。通常母猪分娩时，胎儿在子宫内体躯微弯，四肢弯曲，头部向着腹部微缩（图 29）。

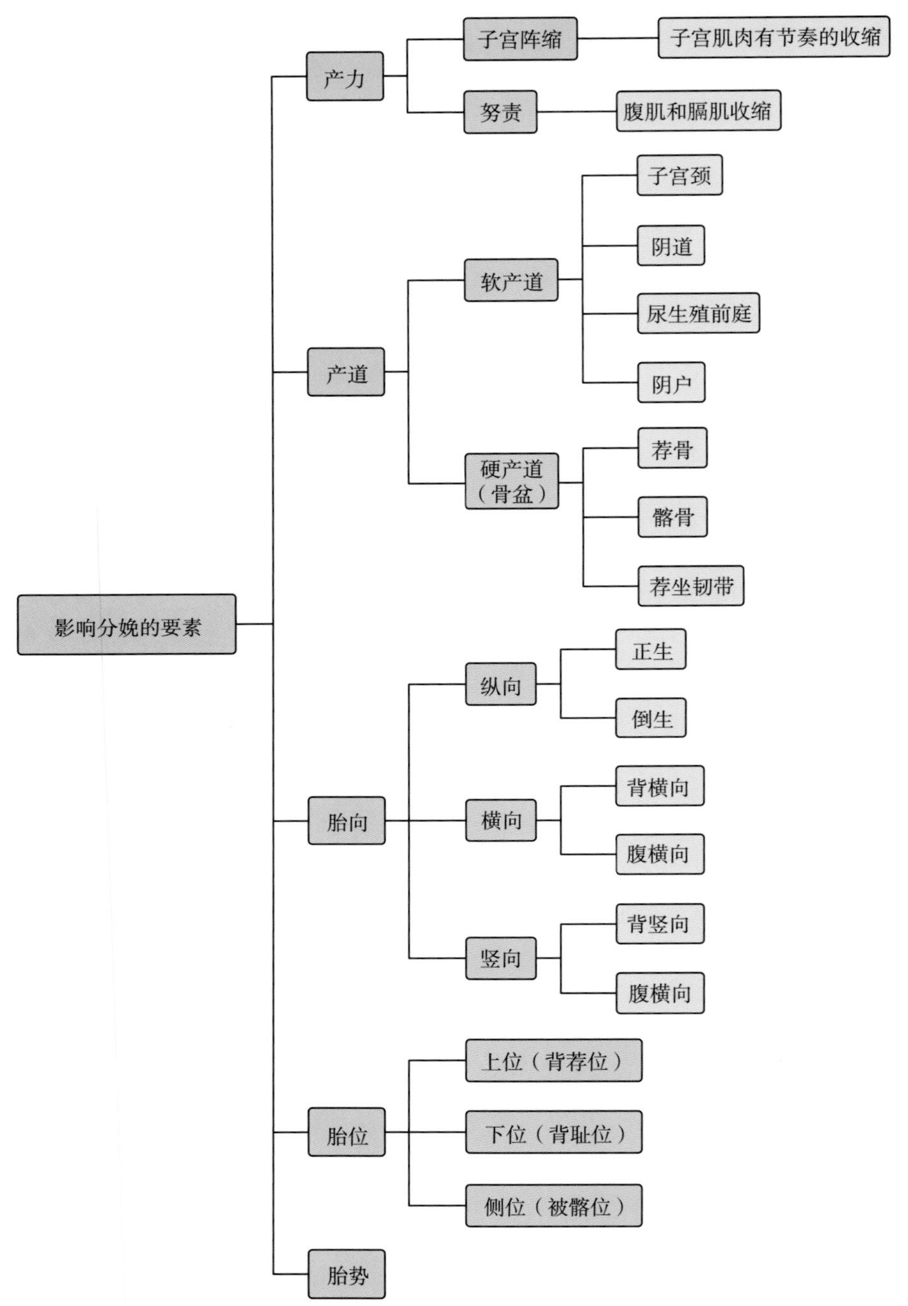

图 29　母猪分娩过程母体和胎儿要素示意图

48. 有哪些生殖激素参与了母猪的泌乳过程？

妊娠期间，血液中孕酮、雌二醇、肾上腺类固醇激素和促乳素（PRL）的含量较高，分娩时黄体溶解、胎盘破裂、类固醇类激素减少、孕酮含量急剧下降，PRL 大量增多，

这些是泌乳发动的生理基础。

（1）促乳素（PRL）

PRL 在乳腺上皮细胞膜上的受体在泌乳发动的第一阶段即乳腺组织中酶活性增加时和细胞器分化时增加，在第二阶段即乳成分急剧分泌时再次增多。PRL 与其受体结合后，使核蛋白体 RNA 增加，酪蛋白 mRNA 转录和翻译迅速增加。PRL 控制酪蛋白的基因表达，并受到糖皮质激素和胰岛素的增强作用和孕酮的抑制作用。

（2）糖皮质激素

分娩前，糖皮质激素和 PRL 在血浆中的含量达到峰值，是泌乳发动的主要因素，与 PRL 协同调控酪蛋白基因的表达和转录。

（3）雌激素

雌激素在泌乳发动的 2 个阶段中，主要作用是增加 PRL 受体数量，对下丘脑垂体发挥正反馈作用，增加 PRL 的分泌。

49. 公猪的生殖系统由哪些器官构成？有何作用？

公猪的生殖系统主要由睾丸、附睾、输精管、阴囊、副性腺、阴茎和包皮等构成（图 30），它们在公猪机体中主要行使激素的合成、分泌，以及精子的发生、输送等与公猪繁殖性能紧密相关的生理功能（图 30）。

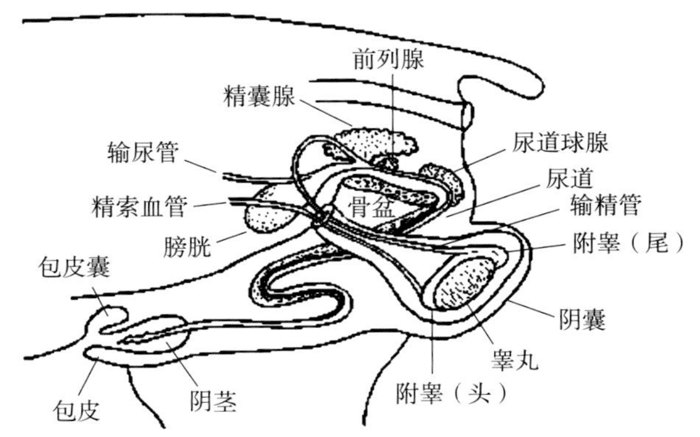

图 30　公猪生殖器官解剖图（工厂化猪场人工授精技术，2002）

50. 公猪睾丸有着怎样的解剖结构和生理作用？

（1）睾丸的形状和结构

公猪的睾丸成对位于肛门下方的阴囊内，呈长卵圆形，其长轴倾斜，前高后低。有些成年公猪一侧或两侧睾丸并未下降至阴囊内，称为隐睾。隐睾的内分泌机能虽未受损害，但精子发生过程异常，这样的公猪通常表现出有性欲，但无生殖能力（图31）。

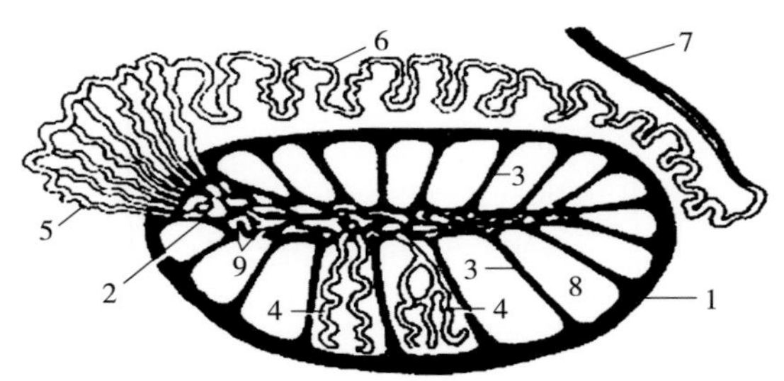

图31　睾丸结构示意图（工厂化猪场人工授精技术，2002）
1. 白膜　2. 睾丸纵隔　3. 睾丸小梁　4. 曲细精管　5. 输出管
6. 附睾管　7. 输精管　8. 睾丸小叶　9. 睾丸网

（2）睾丸的功能

①产生精子：精子是由曲细精管的生殖上皮中的精原细胞所生成。猪每克睾丸组织每天能产生精子2 400万～3 100万个。

②分泌雄激素：位于曲细精管之间的间质细胞分泌的雄激素（睾酮），能激发公猪的性欲和性行为，促进生殖器官和副性腺的发育，维持精子的发生及附睾精子的存活（图32）。

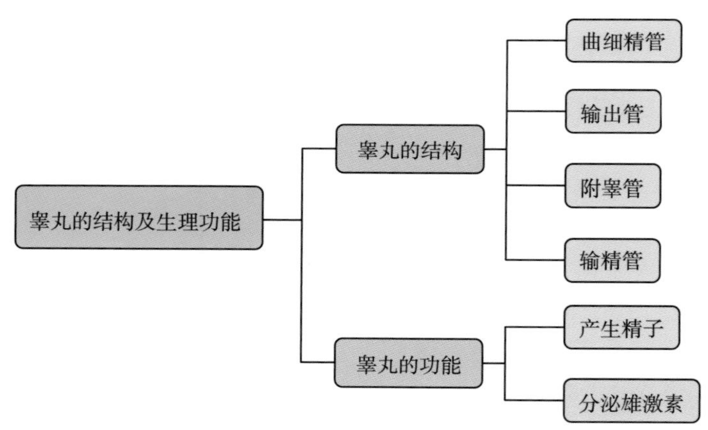

图32　睾丸结构及生理功能示意图

51. 公猪附睾有着怎样的解剖结构和生理作用?

（1）附睾的解剖结构

附睾附着于睾丸的附着缘，由头、体、尾3个部分组成。附睾管极度弯曲，长12～18m，管道逐渐变大，最后过渡为输精管。

(2) 附睾的功能

①促进精子成熟：附睾是精子成熟的最后场所，曲细精管生产的精子，刚进入附睾头时，形态上尚未发育完全，颈部常有原生质小滴，活动微弱，受精能力很低。精子通过附睾管的过程中，原生质小滴向尾部末端移行，精子逐渐成熟，向前直线运动并获得受精能力。

②贮存精子：由于附睾管上皮的分泌作用和附睾中弱酸（pH6.2～6.8）、高渗透压、温度较低和厌氧的环境，使精子代谢维持在一个较低的水平。在附睾内贮存的精子数通常情况下为 2 000 亿个，其中 70%贮存在附睾尾。在附睾内贮存的精子，60d 内具有受精能力。如贮存过久，则活力降低，畸形精子数量增加，最后死亡被吸收。

③吸收和分泌作用：附睾头和附睾体的上皮细胞具有吸收功能。刚进入附睾头部的精液中含有大量的睾丸网液，精子在精液中所占比例仅为 1%。经上皮细胞吸收后，附睾尾部精液中的精子比例可达 40%，浓度大大升高。此外，附睾还能分泌许多睾丸网液中不存在的有机化合物，如甘油磷酰胆碱等，对维持精液渗透压、保护精子及促进精子成熟有重要的作用。

④运输作用：附睾主要通过管壁平滑肌的收缩以及上皮细胞纤毛的摆动，把来自睾丸输出管的精子悬液从附睾头运送至附睾尾（图 33）。

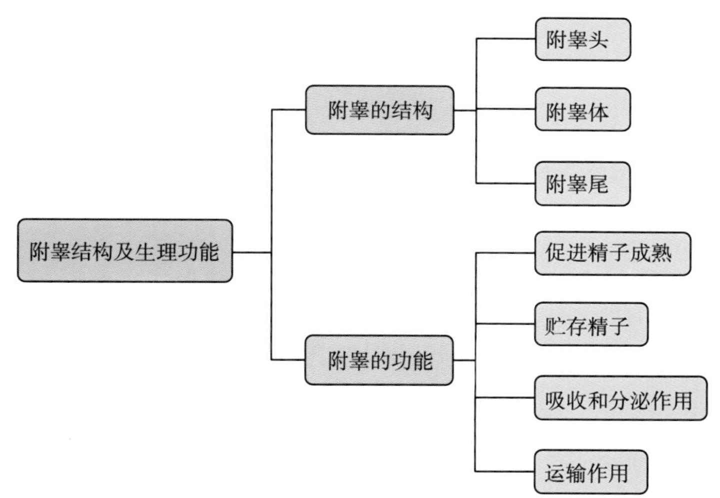

图 33　公猪附睾结构及生理功能示意图

52. 公猪阴囊有着怎样的解剖结构和生理功能？

公猪阴囊是腹壁形成的囊袋，由皮肤、肉膜、睾外提肌、筋膜和总鞘膜构成。阴囊中隔将阴囊分为 2 个腔，2 个睾丸分别位于其中。阴囊具有调节温度的作用，保证睾丸精子发育的环境稳定。当温度下降时，内膜和睾外提肌的收缩作用使睾丸上提，紧贴腹壁，阴囊皮肤紧缩变厚，起到保温作用。当环境温度升高时，肌肉和阴囊皮肤松弛，使睾丸下降悬于薄壁的阴囊内，以降低睾丸的温度。阴囊的温度低于腹腔内的温度，通常维持在 34～36℃（图 34）。

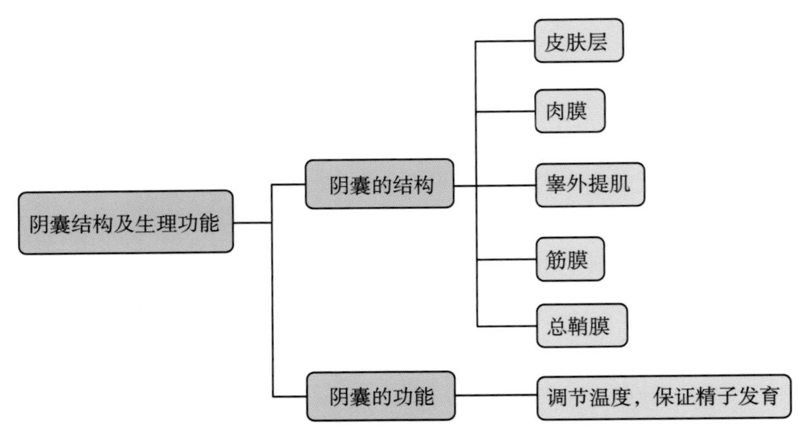

图 34　公猪阴囊结构及生理功能示意图

53. 公猪输精管、副性腺、尿生殖道有着怎样的解剖结构和生理功能？

输精管是一条壁很厚的管道，主要功能是输送精子。管壁具有发达的平滑肌纤维，口径小，射精时凭借其强有力的收缩作用将精子排出。

副性腺包括精囊腺、前列腺和尿道球腺。射精时，它们的分泌物与输精管壶腹的分泌物混合形成精清，与来自输精管的精子共同组成精液。

尿生殖道为尿液和精液的共同通道，起源于膀胱，终止于阴茎，由骨盆部和阴茎部组成。管腔在平时皱缩，射精和排尿时扩张。

54. 公猪阴茎和包皮有着怎样的解剖结构和生理功能？

阴茎是公畜的交配器官，分阴茎根、阴茎体和阴茎头 3 个部分。猪的阴茎较细，在阴囊前形成 S 形弯曲，阴茎呈螺旋状，并有一浅沟。阴茎勃起时，此弯曲即伸直。

包皮是由皮肤凹陷发育形成的皮肤褶。在不勃起时，阴茎头位于包皮腔内。猪的包皮腔很长，有一憩室，内有异味的液体和包皮垢，人工采精前一定要先排出公猪包皮内的积尿，并对包皮部进行彻底清洁。

55. 雄激素有哪些主要的生理功能？

雄激素是维持公猪第二性特征的类固醇激素，主要由睾丸间质细胞分泌。在公猪生长发育的各个阶段发挥不同的生理作用（图 35）。

①雄激素在公猪性成熟后开始产生，对维持生殖器官发育以及第二性征的发育具有重

要作用。

②动物成年后，雄激素可刺激精细管发育，有利于精子生产。

③雄激素能维持公猪性欲和性行为。

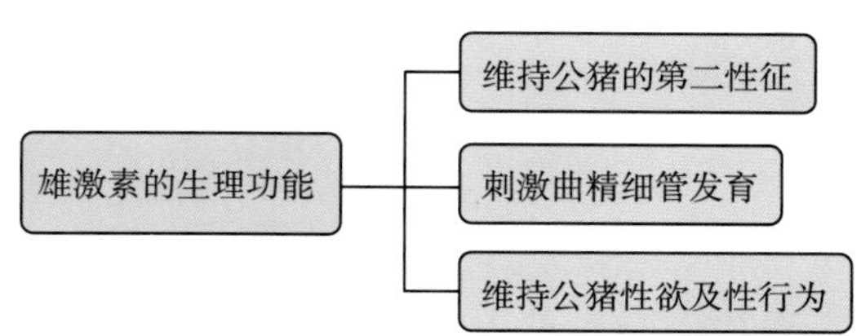

图 35　公猪雄激素生理功能示意图

56. 公猪精液的主要成分有哪些?

猪精液由精子和精清两部分组成，其化学成分是精子和精清化学成分的总和。猪的射精量多，其中精子只占精液的 3%左右。精清中含有各种酶，以蛋白质的形式存在，主要来源于副性腺分泌液。还有从精子中漏出的透明质酸酶和细胞色素等因子，细胞质滴中的蛋白酶特别易漏出。精液中有 10 多种游离氨基酸，影响精子的生存时间。精子在有氧代谢时能利用精清中的氨基酸合成蛋白质。精清中脂质的含量比精子中的少，猪精清中脂质总量占全干重的 0.23%，而且大多数是磷脂质。精液中的主要糖类有果糖、葡萄糖、山梨醇、肌醇、唾液酸及多糖类等。精液中含有柠檬酸、抗坏血酸、乳酸、甲酸、草酸、苹果酸、琥珀酸有机酸等（图 36）。

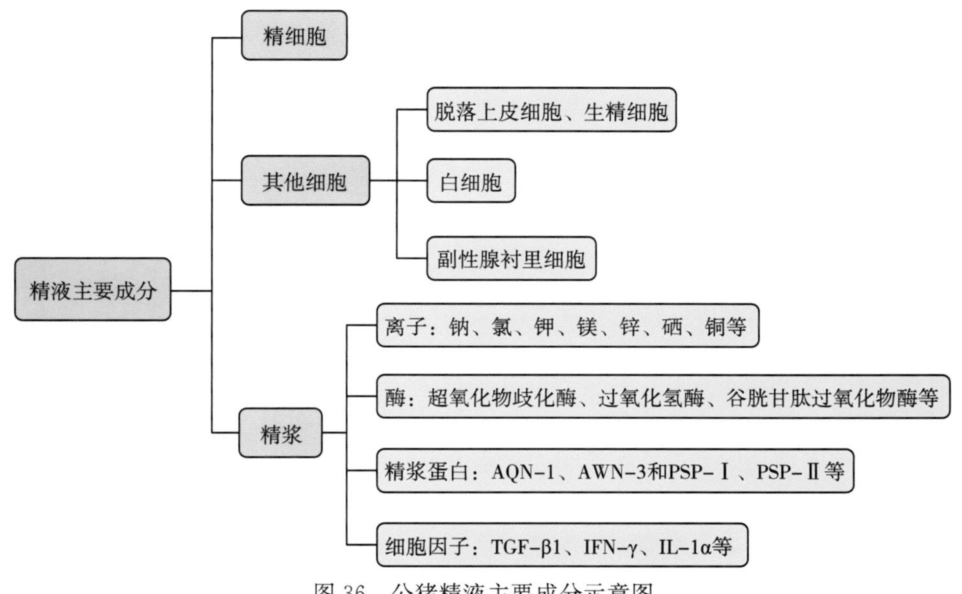

图 36　公猪精液主要成分示意图

二、猪人工授精技术

57. 什么是猪人工授精技术?

猪人工授精技术（artificial insemination，AI）是指用人工辅助器械收集公猪精液，经过实验室检查、稀释、分装等一系列处理后，再用器械将公猪精液输入到发情母猪生殖道中使母猪受孕的配种技术。

58. 猪人工授精技术是怎么形成的?

第一次成功且有科学记载的动物人工授精试验，是1780年意大利科学家司拜伦瑾尼用狗进行的试验，俄国科学家伊凡诺夫于1899年开始将人工授精作为一项畜牧技术较大规模地应用于马和牛等家畜的生产中。猪人工授精技术应用研究主要开始于第二次世界大战之后。据估计，全世界有1亿头以上的母猪实现了人工授精，受胎率一般在78%～90%。但是在20世纪70年代的国外（尤其是美国），由于工厂化、集约化养猪业兴起，人工授精技术的使用率曾一度下降，生产上多采用自然交配。直到80年代后期，随着人工授精技术的革新，精液保存技术的进步，人工授精用品的工业化生产，精液品质评定仪器的发明和使用，使发情鉴定和防止传染病传播有了可靠的手段，并以惊人的速度普及。目前在使用比例较广的欧洲、美国等地区，人工授精技术的普及率已超过80%。

59. 猪人工授精技术在我国的发展历程有几个阶段?

我国的猪人工授精技术，从20世纪50年代开始试验，60年代以后转入应用，并在不少省份推广普及，主要以外国品种的种猪与地方猪杂交为主。该技术在我国有着较广泛的基础，但随着改革开放，外种猪的引入和集约化养猪规模的不断扩大，人工授精技术因众多原因逐步被荒废了，只有江苏、四川部分地区仍在开展统一供精和人工授精网络建设，坚持人工授精。这些老的人工授精方法应用于本地猪，可取得较好的效果。20世纪80年代，广东一些规模化猪场试图用人工授精方式取代自然交配，但最终因为子宫炎多、受胎率低、产仔数少等原因放弃。

20世纪90年代，受国外养猪发达国家的影响和先进技术的吸引，在1997年12月美国谷物协会组织了一批广东、广西等省份的专业技术人员，赴美国考察和学习猪场人工授

精技术。之后，在广东、广西等省份，猪人工授精技术逐步被集约化大型养猪企业所认可，并呈现出良好的发展趋势。21 世纪初，该项技术被广泛推广应用，在全国建起了众多的场内人工授精站，并在广州、北京等地出现了大型商业性公猪站，专门向社会供应优良公猪精液。

60. 猪人工授精技术在养猪生产中有何重要意义？

（1）减少公猪的饲养数量

在自然交配的情况下，1 头公猪配种负荷为 1∶（25～30），每年繁殖仔猪 600～800 头；采用人工授精技术，1 头公猪可负担 150～300 头母猪的配种任务，可繁殖仔猪 3 000～6 000 头。通过减少公猪的饲养量，减少养猪成本（表 2）。

表 2　自然交配与人工授精成本比较

项目	自然交配	人工授精
购入成本	购入公猪成本为 3 500 元	购入优秀公猪成本为 5 000 元
饲养费用	利用 2.5 年，饲养费用约 5 400 元	利用 2 年，饲养费用约 4 400 元
配种费用	每头公猪在 2.5 年内可配 312 次，每配 1 次需 28.5 元	每头公猪在 2 年内可提供 1 560 头份精液，输精管、瓶、稀释粉等费用为 3～4 元/头份，每输精 1 次需 9～10 元

（2）提高优秀公猪的配种效能

由于公猪配种效能提高，选择优秀的公猪用于配种成为改良品种的有力手段。对于性状优良的公猪，通过人工授精技术，可将它们的优质基因迅速推广，促进种猪品种品系的改良和商品猪生产性能的提高。同时，可淘汰差的公猪，留优汰劣，达到提高效益的目的。

（3）减少疾病的传播

进行人工授精的公、母猪，一般都需经过健康检查，只要严格按照操作规程配种，减少采精和精液处理过程中的污染，就可以减少一些疾病，特别是生殖道疾病（不能通过精液传播）的传播，从而提高母猪的受胎率和产仔数。但无法控制通过精液传播的疾病，如口蹄疫、非洲猪瘟、猪水疱病等，无临床症状的公猪和携带伪狂犬病毒、猪细小病毒的公猪，采用人工授精，均可感染母猪。因此，用于人工授精的公猪应进行必要的疾病检测。

（4）提高猪场的繁殖性能

人工授精所用的精液都经过品质检查，在保证质量后才能利用，适时配种可以提高母猪的分娩率和窝产活仔数，尤其在夏天更为明显（表 3、表 4）。

表3 不同配种方式对母猪分娩率和产仔数的影响

配种方式	胎数	分娩率/%	窝均总产仔数	窝均产活仔数
AI+AI+AI	799	87.82[a]	11.40±2.02[b]	10.90±1.92[c]
NS+AI	306	88.31[a]	11.12±2.17[b]	10.63±2.28[c]
NS+AI+AI	5 745	89.45[a]	11.17±2.05[b]	10.58±2.15[c]
NS+NS+AI	905	89.03[a]	11.09±2.24[b]	10.52±2.21[c]
NS+NS+NS	225	86.96[a]	11.21±2.13[b]	10.61±2.24[c]

注：同一列相同字母标注，表明差异不显著（$P>0.05$）。AI表示人工授精，NS表示自然交配。

表4 人工授精技术的应用对母猪繁殖性能的影响

时间段	配种分娩率/%	窝均产活仔数	单头母猪年均活仔数
应用AI前	79.30（4 563/5 754）[a]	9.50±1.92[c]	20.20[e]
应用AI后	87.70（14 868/16 954）[b]	10.30±1.83[d]	23.90[f]
应用AI的猪场	89.50（6 247/6 980）[b]	10.59±2.13[d]	25.30[g]

注：同一列不同字母标注者，a与b，c与d，e与f，f与g，表明差异极显著（$P<0.01$）。

（5）克服体格大小的差别，充分利用杂种优势

在自然交配的情况下，一头大公猪很难与一头小母猪配种，反之亦然；由于猪的喜好性，相互不喜欢的公、母猪也很难配种。这为优质公猪的利用（指定配种）和种猪品质的改良带来一定的困难；对于商品猪场来说，这提升了利用杂种优势，培育育肥性能好、瘦肉率高、体形好的商品猪，特别是出口猪的难度。而利用人工授精技术，只要母猪发情稳定，就可以克服上述困难，根据需要配种，这样有利于优质种猪的利用，充分发挥杂种优势。

（6）稀释精液可以保存和运输，使公母猪的异地配种成为可能

自然交配时，因体型差异过大，或母猪发情而无合适的公猪可用，或需进行品种改良而引进公猪又较困难等情况，时时困扰着养猪业人士。采用人工授精，将公猪精液进行处理并保存一定时间，可随时根据需要给发情母猪配种；可以不引进公猪，只用购买精液（或冻精）即可，既携带方便，又经济实惠，并能做到保证质量和适时配种，从而促进养猪业社会效益和经济效益的提高。

（7）减小劳动强度

减少配种工作劳动强度，可提高劳动效率，缩短每头母猪配种所需时间（图37、图38）。

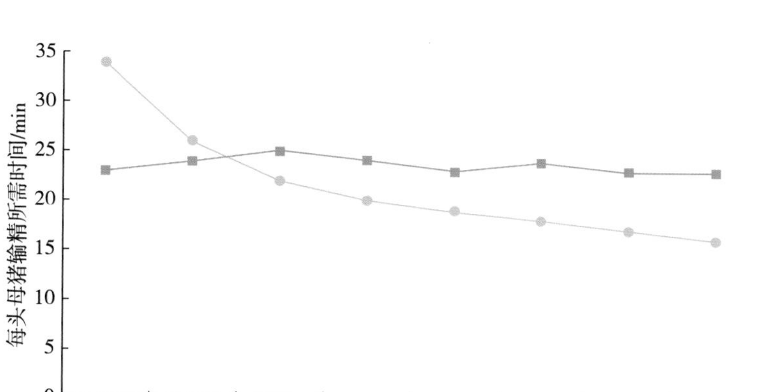

图 37　每头母猪以自然交配和人工授精配种所需时间比较

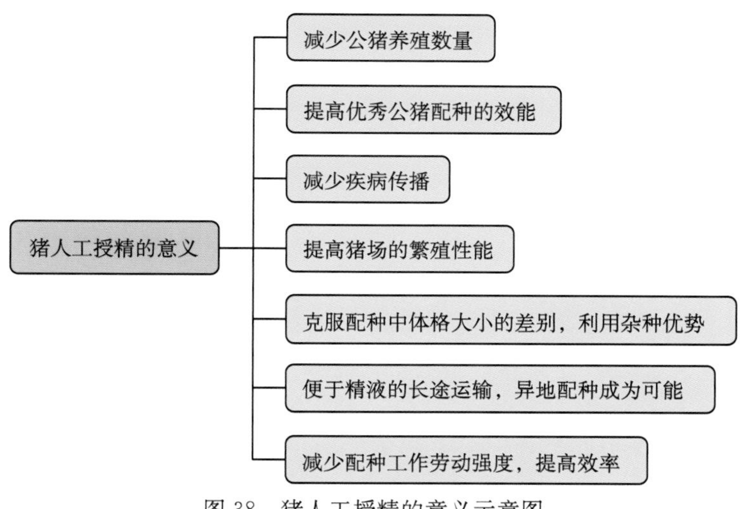

图 38　猪人工授精的意义示意图

61. 什么是社会化的公猪人工授精站？

将优秀公猪集中饲养，专门为猪场提供精液及相关技术服务的机构即社会化的猪人工授精站（简称公猪站）。

62. 社会化的公猪站的建立对于养猪产业有何重要意义？

①建立社会化公猪站是猪良种繁育体系建设的重要环节，对转变猪生产方式、提升产业运行水平、提高生产效率具有重大作用。

②可以提高种猪资源利用效率，扩大优秀种公猪的覆盖面，提高出栏猪质量，加快良

种猪推广步伐。

③可以减少种公猪饲养量，节约养殖成本，提高母猪受胎率，完善产业体系和增强产业竞争力。

④按一定技术规范要求采精、稀释、保存、运输和输精，使公猪常温精液生产更加专业化标准化。在提高公猪精液利用效率的同时提高母猪繁殖性能。

⑤社会化公猪站能够通过定期对种公猪进行疫病检测，有效避免因直接接触而产生的疫病风险，有效防控疫病传播，减少疾病发生。

63. 建设种公猪人工授精站该如何科学地选址和布局？

（1）种公猪人工授精站的选址

种公猪人工授精站（简称种公猪站）是饲养种公猪和收集、处理、保存种公猪精液的地方。对外开展人工授精服务的种公猪站选址可参照中型猪场选址要求，即地势高燥、有向南的缓坡，土质以沙壤土为佳。应与其他畜牧场、社区、主干运输线路等保持一定距离。地下水质良好，运输较为方便。在种公猪站服务的区域内应有足够的存栏母猪数（一般不少于600头），以保证经营的业务量。开展人工授精的猪场，应辟出独立区域建立种公猪站，猪场存栏母猪数一般不低于100头。

（2）种公猪站的布局

种公猪站应根据防疫、生产、管理需要，最少设置两个功能区：一是生活管理区，包括职工宿舍、办公室、接待室、精液销售室等；二是生产区，包括采精室、精液处理实验室、饲料加工与饲料贮存间、种公猪和后备公猪舍。

与养猪场要求一样，种公猪站大门和进入生产区的大门均应建立消毒池和喷雾消毒更衣室。场内道路做到净道和污道严格分开。净道一般位于种公猪站中间，人员进入生产区和运入饲料从净道走；污道一般位于种公猪站的两侧，用于粪便的运出。猪场内建设的种公猪站，如果只在本场内开展人工授精，按每80～120头母猪配备1头种公猪的比例确定存栏种公猪数量。对外服务的种公猪站则按每头种公猪负担150～200头母猪计算。

64. 公猪舍的设计有哪些要点？

（1）种公猪舍的结构

我国大部分猪场的种公猪均饲养在6～8m^{2}的圈内，种公猪圈的基本要求是单圈饲养，每头种公猪饲养面积不低于6m^2。

种公猪也可采用限位栏加运动场的方式饲养，对种公猪的使用年限和生精能力没有明显影响，而且节约空间、方便管理（图39）。

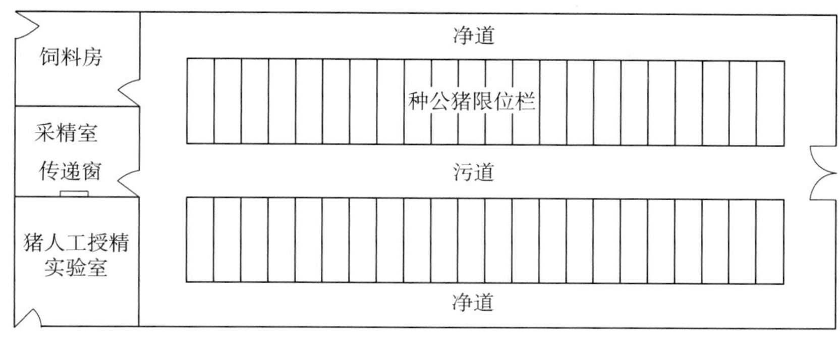

图 39　限位栏种公猪舍平面示意图

限位栏栏长 230cm，栏宽可在 65～70cm 选择，以适应不同年龄、体格的种公猪。用限位栏饲养种公猪，要修建室内或室外运动场，运动场面积不得小于 $9m^2$，每 8 头种公猪轮换使用 1 个运动场。每头种公猪应保证每周 2 次，每次 2～4h 的自由运动，以保证种公猪四肢健壮。

无论是限位栏饲养还是圈养，相邻的圈、栏均应用钢管（或钢筋）相隔。这样，既有利于猪舍通风，也方便相邻种公猪之间的交流，避免种公猪因孤独而发生恶癖（如自淫、无休止地啃栏等）。舍内的净道与污道也要分开。

(2) 种公猪栏的设计

种公猪栏的设计原则：地面应防滑、舒适，以保持种公猪肢蹄健康；实现粪尿分离，以保证种公猪体表清洁；确保猪栏牢固，避免种公猪逃出导致咬斗。

每头种公猪占用的面积建议不低于 $6.25m^2$（2.5m×2.5m），栏高 120～130cm。地面应向污道一面倾斜，坡度为 4°左右。混凝土地面应用木质抹泥板抹平，不要提浆打光，以防种公猪滑倒。

(3) 限位栏的设计

地板可以是预制漏缝地板，也可以是普通混凝土地面，在饲料槽后 20～25cm 处安装混凝土漏缝地板或铸铁漏缝地板。尽量不使用钢筋焊接的漏缝地板，因为这种漏缝地板与蹄底接触面小，容易造成肢蹄疾病。漏缝地板一般长 100cm，宽 60cm。漏缝地板前、后的地面均应略向漏缝地板一侧倾斜。漏缝地板的缝宽上面为 1～1.5cm，下面为 1.5～2.5cm（漏缝上窄下宽可防止漏缝被污物堵塞）。也可以建造全漏缝地板的种公猪限位栏。

(4) 种公猪舍的环境控制

种公猪保持正常生精能力的环境温度为 10～25℃，超过 28℃会明显降低种公猪的生精能力。猪舍温度长时间超过 30℃，将造成种公猪的暂时性或永久性不育。相对于高温，低温环境对种公猪的生精能力影响较小。在温度控制不良的种公猪舍，夏季所采集的精液不合格率可在 50%以上。因此，种公猪舍的环境控制重点是降温。

建议屋顶采用现代猪舍常用的建筑材料——泡沫塑料板加彩钢板，条件差的种公猪站可用草帘加玻璃钢瓦，确保夏季防热、冬季保暖。

降温可采用横向通风水帘降温方式，即北墙安装水帘、南墙安装排风机，向南排风。如有条件可在北墙加装冷风机（即水帘加送风机），效果更好。或者采用东墙安装水帘、西墙安装排风机，向西排风的纵向通风水帘降温方式。一般不建议安装空调，因为猪舍安装空调不但耗电量大，而且易使舍内空气污浊。

65. 公猪人工授精实验室设计应如何科学功能分区和布置？

公猪人工授精实验室是准备采精用品和处理、保存精液的地方，其面积应在 15m² 以上。实验室门外要设有缓冲室，以免外界气候对实验室产生直接影响。实验室人员在缓冲室换好工作服和拖鞋后才能进入实验室。实验室应安装空调，保持 20～25℃的室温。其位置一般与采精栏紧密相连，直接同采精室相连便于快速地处理精液。安装密封性能好的互锁式传递窗（当一扇门打开时，另一扇门就无法打开，必须把门关好后才可打开另一扇门），并配置有保温功能的传递箱。有些处理室与采精栏、公猪舍相隔 100m 左右，精液通过真空泵传递至处理室，其优点是防止猪舍污染处理室。墙壁要安装足够的插座及电源开关，因精密仪器较多，为防止被雷电等损坏，最好安装地线，并建立工作台、洗水池等。精液处理室分为处理保存室和清洗室，中间可用透明的铝合金玻璃窗隔开，保存室主要用于对精液进行检查、稀释和保存，清洗室用于清洗用过的仪器及分送精液。公猪人工授精实验室内部可大致分为 3 个区，即湿区、干区和分装区，其平面布局、分区方法及用品配置可参考图 40 和图 41。

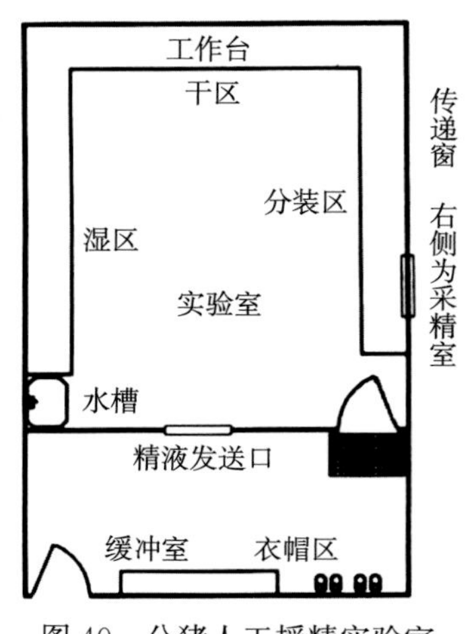

图 40　公猪人工授精实验室平面布局

图 41　公猪人工授精实验室功能区及用品配置

1. 水槽　2. 蒸馏水瓶　3. 稀释液配制用品　4. 水浴锅　5. 消毒柜　6. 消毒纸　7. 恒温加热板　8. 显微镜　9. 玻璃棒　10. 精子密度仪　11. 精子密度对照表　12. 塑料杯（用于盛装稀释后的精液）　13. 微量移液器　14. 恒温冰箱　15. 电子秤、袋装精液分装架与漏斗　16. 精液品质记录簿　17. 袋装精液封口机　18. 精液产品标签　19. 临时存放分装后精液的泡沫塑料箱湿区即稀释液配制与用品清洗区，干区即精液品质检查区，分装区即精液稀释、分装标记和保存区（图 42）。

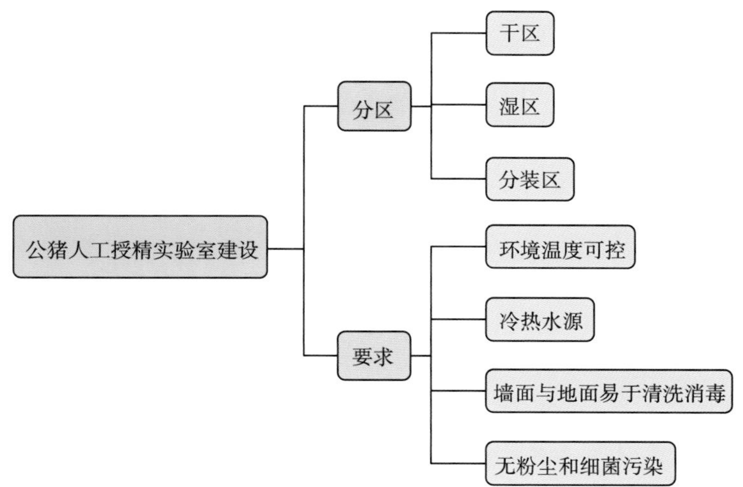

图 42　公猪人工授精实验室功能区及基本要求

66. 公猪精液处理实验室需要配备哪些设备，分别有什么作用？

（1）公猪人工授精实验室所需的基本设备（图 43）

①显微镜：尽管可供选择的显微镜有多种，但必须包括 100 倍、400 倍、1 000 倍物镜（油镜），一般均自带光源及显示屏。

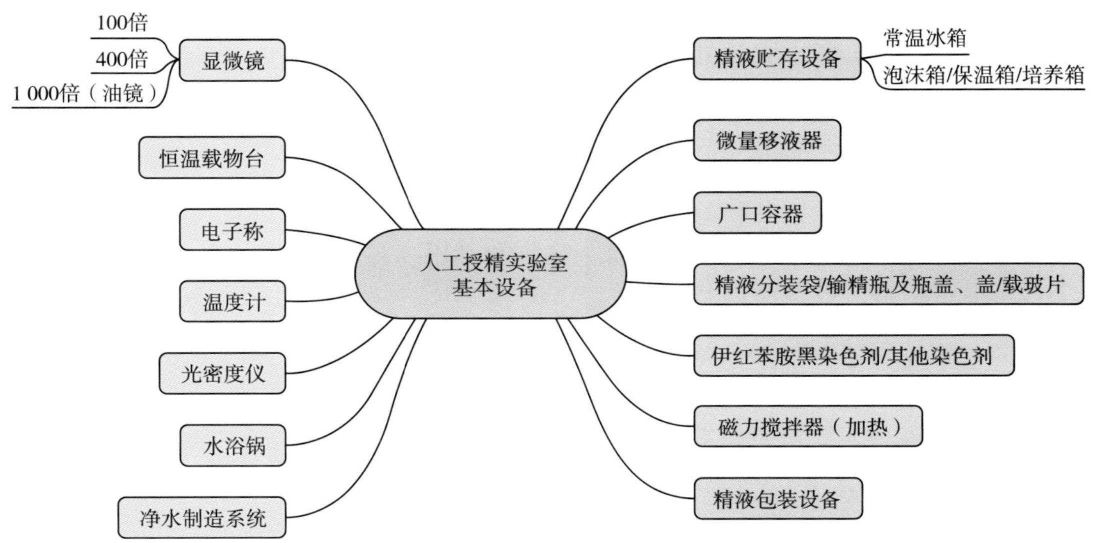

图 43　人工授精实验室设备的基本配置

恒温载物台：可保证精液样本处在一个基本恒温的状态中。

②电子秤：精液的体积是通过重量间接测量的，这是当前测量精液体积最常用的方法。

③温度计：两根30cm（12in）的温度计。

④光密度仪：用来检测样本中精子的数量（精液密度或浓度），由此可以更加精确地稀释精液，并稀释出尽可能多的精液头份数。

⑤水浴锅：用来控制稀释液的温度。

（2）精液贮存设备

①常温冰箱（17℃）：短期贮存和运送精液所需的泡沫箱、恒温箱或培养器。

②净水制造系统：制造蒸馏水或反渗透水的设备仪器，确保使用高质量的水是非常重要的，质量不好的水可降低贮精的活力。

③微量移液器：用于精子质量检测操作。

④若干广口容器：体积为1～5L的玻璃或塑料广口容器，用来配制稀释液和稀释精液。

⑤其他设备：精液分装袋或输精瓶及瓶盖、盖玻片、载玻片。

另外还可选配伊红苯胺黑染色剂（或其他染色剂），对精子染色以检查其形态；磁力搅拌器（加热），用于配制配方较复杂的稀释液；精液包装设备，可手工、全自动或半自动化操作的精液分装仪器和设备。

67. 种公猪选择的要点有哪些？

第一是健康，第二是生产性能，第三是体形。

首先确保猪场猪群的整体健康水平一流，保证每季度血检结果均为阴性。因为诸如猪瘟、口蹄疫、猪细小病毒病、猪伪狂犬病、猪蓝耳病等疾病，都可以通过精液传染给母猪的。

系谱档案所反映的测定指标，如生长速度、背膘厚度和饲料转化率等清晰明了，以保证种公猪具有较高的育种值或选择指数，且先代和同胞的性能优异。

一方面，需具有较为典型的品种、品系和雄性特征，体形外貌要完全符合品种、品系特点；前胸发达、腹部紧凑、体形良好、体质结实、肢蹄强健。另一方面，用于配种或采精，必须保证四肢端正、强壮；睾丸发育良好，大小适宜，左右对称，包皮无积尿；性欲旺盛，配种能力强，精液品质好。对公猪奶头要求不如母猪严格，但绝对不能出现瞎奶头和翻转奶头等现象，因为这些性状能遗传给后代。

68. 引进种公猪应采取何种措施保证生物安全？

①需在距猪舍至少30m处设置单独的猪舍或隔离区进行隔离。其中应有几个2m×3m的猪圈和员工更衣室，以便员工在此更换干净的靴子和工作服，这些靴子和工作服必

须在隔离猪舍内穿戴，不能穿出猪舍外。在隔离期对种公猪进行常见传染性疾病的病原学检测，检验结果为阴性后，将原有猪群中公猪粪便混入引进公猪圈舍内，观察公猪是否出现疾病表现。一切表现正常后，可将淘汰的母猪或小母猪放在隔壁的圈里，以刺激青年公猪的性欲。

②在引进的新种公猪进入猪群之前进行一段时间的适当检疫隔离，意义重大。检疫区应与养殖区（单元）保持足够的距离，这样，如果引进了感染疾病的种公猪可使该疾病的传播风险降至最低。隔离区内种公猪的饲养需安排另外的人员进行，不可由主要养殖区的人员完成。

69. 怎样饲养管理种公猪才能保证精液质量?

①种公猪单栏饲养，按标准，结合种公猪体况合理投料［2.0～2.5kg/（头・d）］。

②种公猪的日常管理规律化，做到5个固定：固定饲喂、运动、采精等工作的时间；固定工作程序；固定工作场所；固定饲喂量，实行定量饲喂，以免营养不足或过剩；固定专人管理。

③确定合理的利用强度。2岁以上的成年公猪每日可配种或采精1～2次，连续配种或采精2～3d后休息1d。每日配种或采精1次，最好安排在早晨饲喂后1～2h进行；如每日配种或采精2次，则应早晚各1次，并尽量使中午休息的时间长一些。青年种公猪的配种或采精次数应加以控制，每周最多不超过5次，最好隔日1次，初配的公猪每周配种或采精1～2次为宜。次数过多不仅会引起种公猪的过度疲劳，还会降低性欲、射精量、精子密度和活力。

④经常运动。合理的运动可提高种公猪的新陈代谢，促进食欲，帮助消化，增强体质。同时能提高四肢的结实性，改善精液品质。种公猪要坚持每日1～2次的运动，夏天宜安排在早晚进行，以避开强烈的太阳辐射；冬天则应在中午，充分利用日光照射，每次1～2h。一般配种淡季可适当增加运动量以及延长时间。

⑤日粮全价化。种公猪日粮要求有足够的营养水平，特别是蛋白质、维生素、钙、磷等；饲料原料要求多样化，不能有发霉变质或有毒有害的原料。饲喂时，一般喂到八九成饱，以控制膘情，维持种用体况。

⑥定期检查精液品质，发现异常及时采取措施。

⑦定期称重，检查种公猪是否过肥或过瘦，是否符合种用体况的要求。

⑧定期进行疫苗注射和驱虫。

⑨坚持每日用梳子或硬刷对种公猪皮肤进行刷拭，保持种公猪身体清洁，可预防疥癣及各种皮肤病，促进血液循环。

⑩夏季要注意防暑降温（运动场应有遮阴凉棚或采用淋浴降温等措施），冬季要注意保温防寒。

⑪圈舍应保持清洁干燥和阳光充足。

⑫老龄公猪须正常淘汰更新。种公猪一般使用3年，年淘汰更新30%～40%，更新公猪一般来自后备公猪群经性能测定为优异者或专业育种场的优异者。凡有下列情况者应

予淘汰：因病、因伤不能使用者，连续两次以上检查精液品质低劣者，性情暴烈易伤人、伤猪者，繁殖力低下者。

⑬建立种公猪档案。对种公猪的来源、品种（系）、父母耳号和选择指数、个体生长情况、精液检查结果、繁殖性能测验结果（包括授精成绩、后裔测验成绩）等项应有相应卡片记录在案。及时将相关资料输入计算机存档。

⑭日常工作程序。饲喂种公猪并对其健康状况、精神状况、采食、粪便、活动等进行观察检查；对病猪进行必要的治疗；清扫喂料通道和公猪的配种栏；供水；圈栏维修及空栏的清洁消毒；安排公猪运动和对其梳刮；转运猪只；对观察、检查的结果做好记录记载，填写日报表。

70. 种公猪的基本营养需要有哪些?

（1）能量需要

常规饲养中，后备公猪可以自由采食直到体重100～105 kg；当体重约100 kg时，每天需要饲喂消化能约为32.65 MJ的日粮。饲料中碳水化合物、蛋白质和脂肪是种公猪所需能量的主要来源，碳水化合物提供总能量的60%～80%。无氮浸出物（淀粉、双糖、单糖等）和膳食纤维是饲料中最重要的碳水化合物。膳食纤维在种公猪日粮中的作用得到了越来越多的关注，主要是由于膳食纤维可以维护公猪的肠道健康、促进肠道对食物的消化吸收，从而提高饲料的利用率，而且可以增加饱腹感、防止便秘、稳定机体血糖水平、改善热调节能力（因为体增热与大肠内营养物质发酵有关）。成年种公猪的饲料中，膳食纤维保持在6%～8%可有效降低消化道损伤、增强机体健康、保持旺盛的性欲，而且富含膳食纤维的青绿饲料既能增加饱腹感，也可有效防止种公猪缺乏维生素A、维生素D、维生素E。

（2）蛋白质和氨基酸

蛋白质和氨基酸不仅是机体必需的物质基础，而且是精液的主要组成成分，是精液和精子形成的物质基础。饲料中蛋白质营养对公猪精液品质具有重要影响，适宜的蛋白质水平有助于猪精液品质的改善。不同品种的猪对蛋白质的需求不同，国外引种的大白、长白等品种种公猪的蛋白质需要量为400～450g/d（日粮粗蛋白质为16%～18%）。研究表明，大白、长白等品种的种公猪平均日饲喂粗蛋白质为400～407g时种公猪的精液量、精液品质、受精率及产活仔数要好于日饲喂粗蛋白质439～453g的。

蛋白质是种公猪日粮配制的首要因素，但要根据其所处生理状态确定用量，在非配种期间可减低日粮中蛋白质水平，在配种任务较重时则需提高日粮中蛋白质的水平，但也不能太高。对于不同品种的种公猪需要根据精细的研究结果调配日粮，以保证其蛋白质水平达到不同年龄阶段的要求，同时针对不同品种及不同生长阶段的种公猪，配合不同类型、不同剂量的氨基酸，以保证可高效利用猪精液。

(3)脂肪酸(多不饱和脂肪酸)

脂肪是猪及各类动物重要的能源物质,多不饱和脂肪酸(PUFA)指碳链长度18~22个碳原子并且含有两个或两个以上双键的直链脂肪酸。通常分为ω-3和ω-6多不饱和脂肪酸。距羧基最远端的双键在倒数第三个碳原子上的称为ω-3(n-3)多不饱和脂肪酸;在第六个碳原子上的,则称为ω-6(n-6)多不饱和脂肪酸。其中n-3多不饱和脂肪酸包括α-亚麻酸、二十碳五烯酸(EPA)和二十二碳六烯酸(DHA)等,主要源于深海鱼油,植物油中的亚油酸为n-6多不饱和脂肪酸。由于n-3多不饱和脂肪酸不能在猪体内合成,必须由饲料供给,故被称为必需脂肪酸。所以饲料中的长链多不饱和脂肪酸含量能够影响公猪精液的品质。通常公猪饲粮以玉米-豆粕型饲粮为主,饲粮n-6多不饱和脂肪酸∶n-3多不饱和脂肪酸一般大于10,与精子膜脂肪酸组成中n-6多不饱和脂肪酸与n-3多不饱和脂肪酸比值相距较大。因此,饲料中添加比例合理的脂肪酸不仅可以提高饲料的适口性,而且可以帮助吸收脂溶性维生素(维生素A、维生素D、维生素E、维生素K)。种公猪日粮脂肪酸添加的剂量及种类要综合考虑,如公猪年龄、体重,交配活动,气温等,常规添加量为3%~7%。

(4)微量元素

必需微量元素作为机体组织结构成分、体液成分和主要代谢途径中的各种酶的组成成分,是哺乳动物生理生殖功能所不可缺少的。饲料中微量元素的含量也会影响公猪精液品质,其中人们对硒、锌的研究最多,而且发现它们的抗氧化作用对维持公猪精液品质有重要影响。硒是一种必需微量元素,它能调节谷胱甘肽过氧化物酶的合成及活性,从而影响机体内多余的过氧化物。研究表明,有机硒的活性比无机硒高,添加0.3mg/kg或0.5mg/kg的酵母硒均可以显著提高杜洛克公猪的精液质量(射精量、精子密度等);同时,可增加总精子数,降低饲料的平均成本,提高经济效益。锌不仅参与调控金属硫蛋白、谷胱甘肽过氧化物酶等抗氧化基因的表达及活性,而且在细胞增殖、分化和代谢中发挥重要作用。锌在睾丸间质细胞合成及分泌睾酮上也起到非常重要的作用。无机锌和有机锌都可以提高公猪的繁殖性能,但有机锌的效果要高于无机锌。除了硒和锌外,铜、铁、锰等微量元素也与精子正常发生和维持精子的功能有关。微量元素对雄性生殖功能的影响取决于它们的平衡程度。

(5)维生素

维生素在机体新陈代谢中发挥重要作用,大量研究发现日粮中添加维生素可以改善猪精液品质。具有抗氧化功能的维生素包括维生素E、维生素C等,美国国家研究委员会(NRC)于2012年推荐,成年公猪饲料的维生素E添加量约为30mg/kg,维生素E能增强精液的抗氧化性,从而改善猪精液品质;研究发现,维生素A及其前体β-胡萝卜素有助于精液品质的改善,维生素C和维生素D对公猪的精液品质也具有调控作用。增加饲料中维生素D的含量,可以增加精子活率和有效精子数。值得注意的是,与同等水平的维生素D_3相比,种公猪饲粮中添加25羟基维生素D_3(25-OH-D_3)能更有效增加血浆中维生素D的含量，从而更好地改善精液品质，提高繁殖性能。维生素D改善精液品质的机理可能是其可以提高血浆中睾酮的含量，提高精浆中钙离子和果糖的含量，以及加强酸性磷酸酶的活性。添加维生素到公猪饲料中，虽可以改善猪精液品质，但添加水平需根据不同品种、年龄、生理状态以及气温等来确定。

71. 如何做好种公猪的保健工作?

常规的免疫工作一定要按计划保质保量做好，此外，对公猪携带野毒和抗体的监测必不可少。公猪的驱虫工作可通过在料里加入驱虫药进行，1年驱虫3～4次。针对采精的公猪要实施“与之为善”的策略，保持人与猪的亲密关系对日常的工作很有帮助，在治疗时尽量避免打针，日常的护理如修蹄、刷拭、运动等，都可以增进人与猪的感情。舍外要有独立的运动场，用泥或沙铺底，公猪的运动以每次30～40min为宜。

72. 有哪些疾病（病原）能够通过精液传播?

能够通过精液传播的细菌病有布鲁氏菌病、衣原体病、钩端螺旋体病、支原体病、肺结核。能够通过精液传播的病毒有非洲猪瘟病毒、伪狂犬病病毒、猪瘟病毒、口蹄疫病毒、日本脑炎病毒、猪繁殖与呼吸综合征病毒、猪水泡病病毒、猪圆环病毒2型病毒、猪巨细胞病毒、埃博拉病毒、猪肠道病毒、猪细小病毒、牛病毒性腹泻病毒、逆转录病毒等。

73. 常用的种公猪免疫程序有哪些?

种公猪免疫程序应根据当地病原情况制订，以下免疫程序是多数种猪场采取的基本免疫程序（图44）。

①于每年1、5、9月的月底分别肌肉注射口蹄疫疫苗5mL。

②于每年3、9月肌肉注射猪瘟疫苗5头份。

③于每年3、9月同时肌肉注射细小病毒、乙型脑炎疫苗各1头份。

④于每年4、10月肌肉注射伪狂犬疫苗2头份。

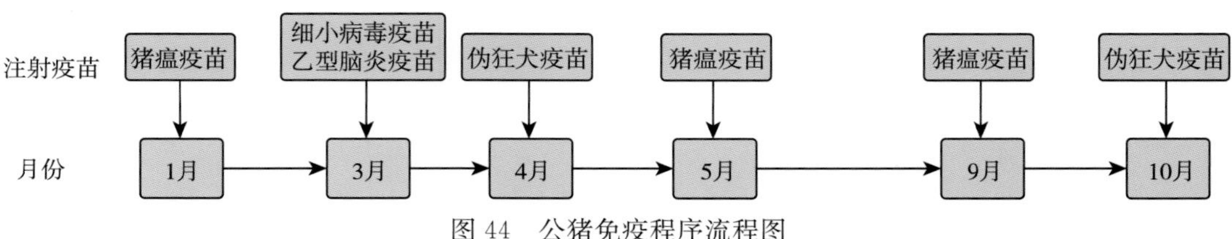

图44 公猪免疫程序流程图

74. 外来品种后备公猪的免疫程序有哪些?

外来品种后备种公猪免疫程序应根据当地病原情况制订，以下免疫程序是多数种猪场采取的基本免疫程序：

140 日龄接种猪瘟脾淋疫苗 2 头份/头。

150 日龄接种蓝耳圆环二联疫苗，或蓝耳蜂胶疫苗 4mL/头

160 日龄接种伪狂犬疫苗 1 头份/头，2 周后加免 1 次。

180 日龄接种乙型脑炎疫苗 2 头份/头，细小病毒疫苗 2 头份/头。

75. 如何给种公猪群体制订驱虫计划？

后备公猪：由隔离饲养员按本场技术人员要求在饲料中添加药物进行驱虫，从其他场引进的公猪 7d 内驱虫 1 次，本场后备猪采精前驱体内外寄生虫 1 次。

成年公猪：每年定期（2、6、10 月）通过饲料添加药物驱虫 3 次。公猪舍和公猪群驱虫消毒：由饲养员按本场技术人员要求配置药物进行驱虫消毒。每月对公猪驱体外寄生虫 1 次。及时收集驱虫后的粪便，利用生物热堆积发酵，防止虫卵扩散。

76. 淘汰种公猪需要遵循哪些原则？

①淘汰与配母猪分娩率低、产仔少的公猪。

②淘汰性欲低、配种能力差的公猪。

③淘汰有肢蹄病、体型太大的公猪。

④淘汰精液品质差的公猪。

⑤淘汰因病长期不能配种的公猪。

⑥淘汰攻击工作人员的公猪。

⑦淘汰体况评分 4 分以上膘情的公猪（体况标准参见表 8）。

77. 公猪什么年龄进行采精调教最为合适？

公猪性成熟后即可开始调教，外来品种 7～8 月龄性成熟，8～9 月龄开始调教训练；国内品种 4～6 月龄性成熟，7～8 月龄开始训练采精。

78. 公猪采精调教的方法有哪些？

（1）观摩法

将小公猪赶至待采精栏或配种栏外，让其旁观成年公猪采精或与母猪交配过程，激发小公猪性冲动，经旁观 2～3 次大公猪与母猪交配后，让其试爬假台畜进行试采。

（2）发情母猪引诱法

选择发情旺盛、发情明显的经产母猪，让受训公猪爬跨，待公猪阴茎伸出后，操作人

员用手握住公猪的螺旋状阴茎头，有节奏地刺激阴茎螺旋体部分，可试采精液。

（3）外激素或类外激素喷洒假台畜

将发情母猪的尿液、大公猪的精液和包皮冲洗液喷涂在假台畜背部和后躯，引诱新公猪接近假台畜，让其爬跨假台畜。

在调教公猪时，应注意防止其他公猪的干扰，以免发生咬架事件。一旦训练成功后，应连续几天每天采精 1 次，以巩固其已建立的条件反射。

79. 采精调教过程中有哪些注意事项？

应着重注意 3 个问题，一是调教月龄，二是人员素质，三是调教频率。准备留做采精用的公猪，从 7～8 月龄开始调教，效果比从 6 月龄就开始调教要好得多，一是缩短调教时间，二是易于采精，三是延长使用时间。

进行后备公猪调教的工作人员，要有足够的耐心，在自己心情不好、时间不充足或天气不好的情况下，不要进行调教，因这时情绪波动的人容易将自己的坏心情强加于公猪身上以达到发泄的目的，使调教工作难以进行。对于不喜欢爬跨或第一次不爬跨的公猪，要树立其信心，多进行几次调教。不能动不动就打公猪或用粗鲁的动作干扰公猪。若调教人员态度温和，方法得当，调教时自己发出一种类似母猪叫声的声音或经常抚摸公猪，久而久之，调教人员的一举一动或声音便会成为公猪行动的指令，使公猪顺从地爬跨假台畜、射精和跳下假台畜。

调教时，应先调教性欲旺盛的公猪。公猪性欲的好坏，一般可通过咀嚼唾液的多少来衡量，唾液越多，性欲越旺盛。对于那些对假台畜或母猪不感兴趣的公猪，可以让它们在旁边观望或在其他公猪配种时观望，以刺激提高其性欲。

对于后备公猪，每次调教的时间一般不超过 15～20min，每天可训练 1 次，但 1 周最好不要少于 3 次，直至爬跨成功。调教时间太长，容易引起公猪厌烦，起不到调教效果。调教成功后，1 周内每隔 1d 就要采精 1 次，以加强其记忆。以后，每周可采精 1 次，至 12 月龄后每周采 2 次，一般不要超过 3 次。

80. 采精前需要做哪些方面的准备？

（1）人员的准备

采精的工作人员在采精前应穿好工作服、剪指甲并用肥皂洗手。

（2）采精前实验室的准备

采精前应准备 37℃恒温采精杯、一次性采精袋、聚乙烯（PE）手套、乳胶手套和滤纸。采精过程中，与精液接触的器具尽量使用一次性耗材，可减少精液混合和细菌传播的概率。打开电子秤、恒温载物台，以及精子质量自动分析系统等精液检测所需的仪器

设备。

(3) 采精前采精室的准备

采精前先打开采精室的空调，将环境温度控制在 20～25℃，然后将假台畜周围清扫干净，特别是公猪精液中的胶体，一旦残留地面，易使公猪打滑，造成公猪扭伤而影响生产。安全区应避免放置物品，以利于采精人员因突发事情快速转移到安全地方。采精室内避免积水、积尿，不能放置易倒或能发出较大响声的东西，以免影响公猪射精。

81. 采精前需要注意哪些方面？

①采精杯：将盛放精液用的食品保鲜袋或聚乙烯袋放进采精用的保温杯中，工作人员只接触留在杯外的袋开口出处，将袋口打开，环套在保温杯口边缘，并将消过毒的 4 层滤纸罩在杯口上，用橡皮筋套住，连同盖子，放入 37℃的恒温箱中预热，冬季尤其应重视此步骤。采精时，拿出保温杯，盖上盖子，然后传递给工作人员；当处理室距采精室较远时，应将保温杯放入泡沫保温箱，然后带到采精室，这样做可以减少低温对精子的刺激。

②公猪：采精前，应将公猪尿囊中的残尿挤出，若阴毛太长，要用剪刀剪短，防止操作时抓住阴毛和阴茎而影响阴茎的勃起，以利于采精。用水冲洗干净公猪全身特别是包皮部位，并用毛巾擦干净包皮部位，避免采精时残液滴入或流入精液中导致污染，也可以减少部分疾病传播给母猪的概率，从而减少母猪子宫炎及其他生殖道或尿道疾病的发生，以提高母猪发情期的受胎率和产仔数。

82. 采精前实验室需要做哪些准备工作？

①采精前 24h 应打开紫外灯，对实验室环境进行消毒。

②采精前 1～2h，应打开空调将室温维持在 25℃左右。打开恒温水浴锅，将温度设置为 35℃。打开 17℃恒温箱，保持温度。

③采精前，清洁精液操作台面，避免粉尘进入精液。

④准备好稀释液，将其置于 35℃预热。

⑤打开显微镜和恒温载物台，将载玻片预热至 37℃。

83. 公猪射精过程一般分为哪几段？

公猪的射精过程一般持续 2～8min，可分为 3 个阶段。前期射出的白色液体中含有少量精子，富含大量胶状成分；中期射出的乳白色或灰白色液体，富含大量精子；最后射出的水样精液中精子数量较少。

84. 采用手握采精法对公猪采精有哪些步骤?

①将采精公猪赶到采精室，先让其嗅、拱假台畜，工作人员用手抚摸公猪的阴部和腹部，以刺激提高其性欲。当公猪性欲旺盛时，它将爬上假台畜，并伸出阴茎头来回抽动。

②挤出公猪包皮积尿，用0.1%高锰酸钾溶液清洗采精公猪的腹部和包皮，然后用温水清洗，纸巾擦干。

③采精员一手持集精杯（内装一次性采精袋并覆盖一次性过滤纸，杯内温度37℃），另一手戴双层消毒过的手套（内层乳胶手套、外层PE手套），按摩公猪包皮部，刺激其爬跨假台畜。

④待公猪爬跨假台畜并伸出阴茎时，脱去外层手套，手心向下握住阴茎头部，锁紧，力度以既不滑掉又不握得过紧为准。用力不够则阴茎脱手，用力过大则公猪不能射精。阴茎头微露于拳心之外（约2cm），用手指摩擦阴茎头部，刺激公猪性欲。

⑤公猪射精完成后采精员将套在集精杯口的滤纸取下，弃去过滤出的胶体杂质，将公猪耳号标签粘于采精袋上，送入精液处理室或专用管道。

85. 使用手握采精法对公猪采精的过程中有哪些注意事项?

①采精过程中所有与精液有接触的物品，如手套、滤纸、精液袋等物品，均要求对精液无毒无害。

②公猪一旦开始射精，操作人员的手应立即停止捏动，只是握住阴茎。射精停止后，可用手轻轻捏动阴茎头，以刺激其再次射精。

③采完精液后，公猪一般会主动跳下假台畜，当公猪不愿下来时，可能是还要射精，故工作人员应有耐心。

④对于采得的精液，应先将滤纸及上面的胶体丢掉，然后将卷在杯口外的精液袋上部扭在一起，放在杯外，用盖子盖住采精杯，最后迅速传递到精液处理室进行质量检查和稀释等操作。

86. 什么是自动采精系统?与手握采精法相比自动采精系统有哪些优势?

自动采精系统是在采精过程中借助人工阴道（气压或手动刺激）使公猪产生性兴奋，在公猪开始射精后固定公猪阴茎，再将公猪精液收集入采精杯的方法。

(1) 减少采精过程中的细菌污染

有研究表明，与人工徒手采精相比，使用Collectis自动采精系统能够使得精液中细菌浓度降低了90%，能够显著改善公猪采精过程中的卫生条件，有助于精液保存。

（2）自动化提高了生产效率

使用 2 个采集系统和 4 个假畜台，1 名采精员可以同时采集多达 4 头公猪的精液。自动化过程和安全警报的存在使操作员能够同时执行其他任务。因此，每个操作员每小时收集次数平均增加 40％，产生的剂量保持稳定，大幅降低了劳动力成本。

87. 目前国外有哪些自动采精设备?

西班牙的自动采精设备是先由采精人员通过手刺激公猪开始射精后，再将其固定于松紧可调的泡沫假阴道上，射精完成后公猪阴茎收缩自动脱落（图 45）。法国的自动化采精系统是通过连接真空泵的人工阴道控制其中的气压，给予公猪阴茎脉冲式刺激，使公猪完成射精（图 46）。德国米尼图公司的自动采精设备也是先由采精人员用手刺激公猪开始射精后，将公猪阴茎固定于一个位于滑轨上的人工阴道，公猪射精时可模拟其在子宫中抽动的动作完成射精（图 47）。以上 3 种自动采精系统都需要借助人力将公猪阴茎固定于人工阴道中，所以本质上是一种半自动采精系统。

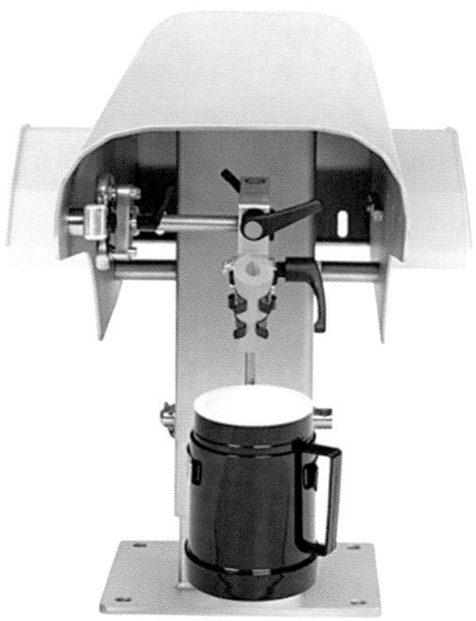

图 45　西班牙自动采精系统

图 46　法国自动采精系统

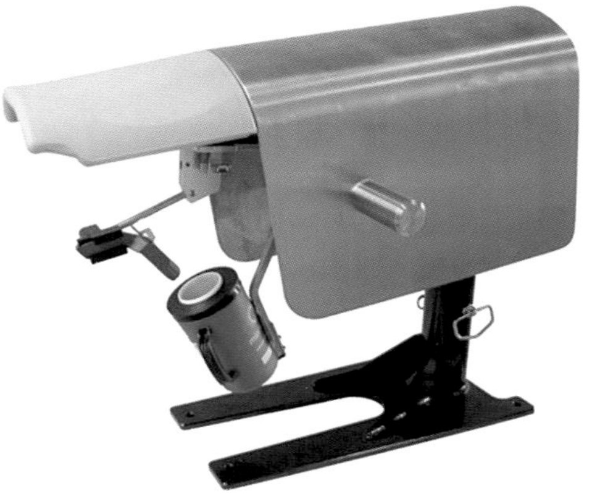

图 47　德国自动采精系统

88. 使用德国自动采精系统采精都有哪些操作步骤?

①清洁包皮后，采精者用人工子宫颈夹（图 48）夹住阴茎尖端，使其开始勃起。当公猪完成前期的射精后（主要是胶体部分），丢弃采精内囊（图 49）。

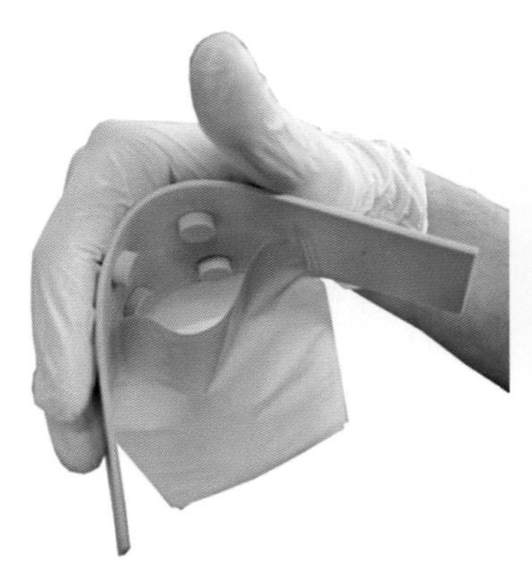

图 48　猪人工子宫颈夹

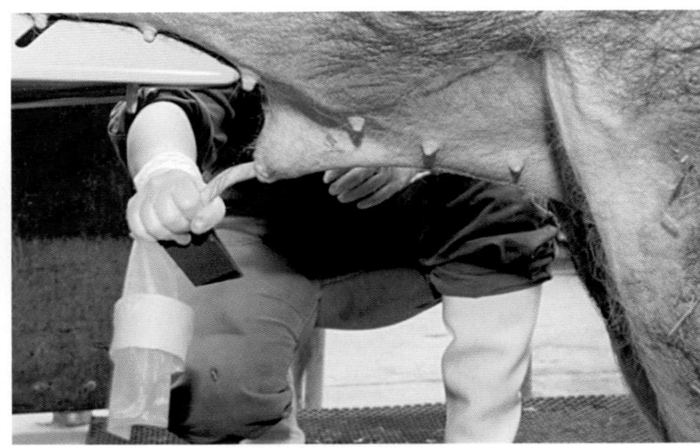

图 49　猪采精内囊

②将带人工子宫颈夹的勃起阴茎固定在阴茎夹中。将提前准备好的精液袋与采集杯连接（图 50、图 51）。这个封闭的采精系统可保护精液不受外界环境的影响（图 52）。

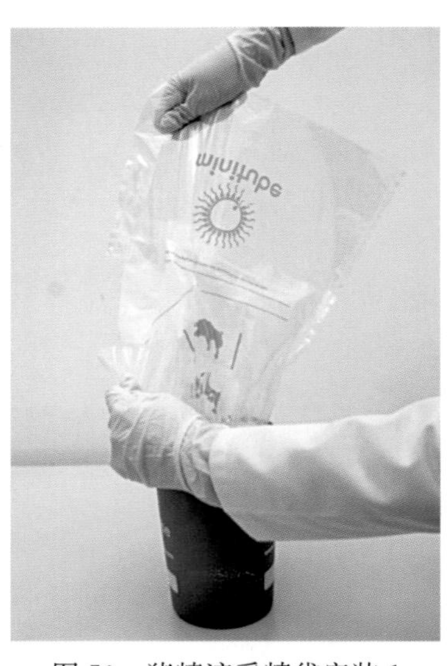

图 50　猪精液采精袋安装 1

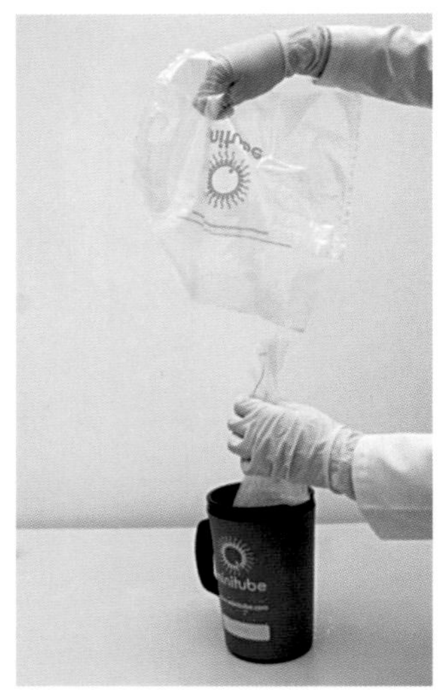

图 51　猪精液采精袋安装 2

③精液采集过程中产生的颗粒和凝胶保留在集成过滤器中，而精液则安全干净地收集在采集袋中。

④随着勃起的减弱，一般公猪的阴茎可以从人工子宫颈夹中自行脱落，但有的公猪也需要操作人员协助，将其从人工子宫颈夹中取出（图 53）。公猪采精完成后，将精液收集器安置在另一个假畜上，开始下一次精液收集。

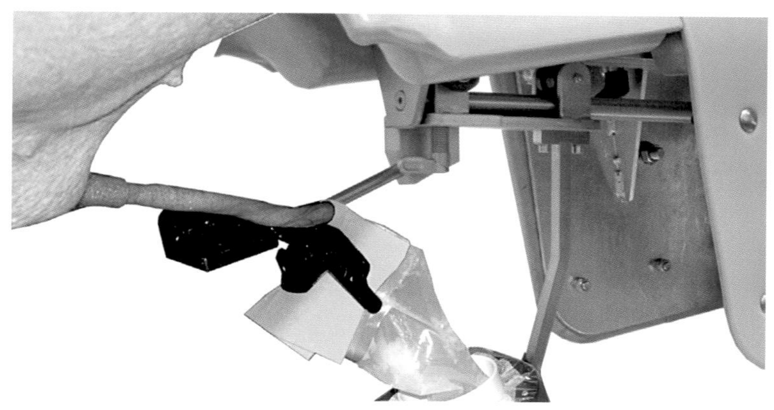

图 52　德国自动采精系统

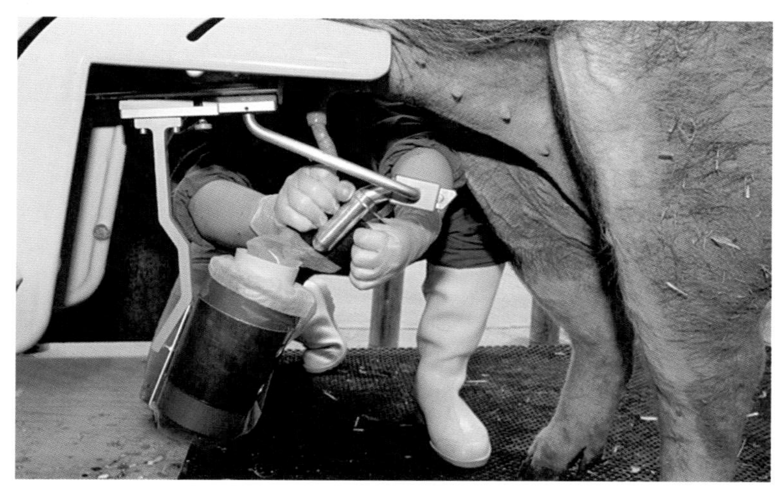

图 53　取出猪人工子宫颈夹

89. 使用法国自动采精系统都有哪些操作步骤?

①假阴道准备（图 54）：采精前将人工阴道放置在手柄上。在开放的假阴道内插入一次性衬垫，可保护假阴道，提高公猪的舒适度。

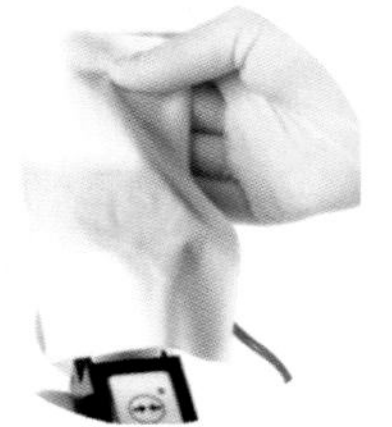

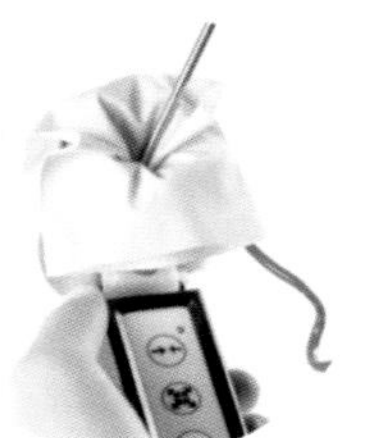

图 54　假阴道准备

②固定公猪的阴茎（图 55～图 57）：采精人员待公猪爬跨假台畜后，用手把握公猪阴茎并插入开放的假阴道中。然后通过电动按钮关闭假阴道，保持阴茎在采精过程中的位置。然后将过滤锥和采精袋安装在阴道上，并将组件放置于假台畜的收容器中。最后采精人员激活假阴道的脉动功能，开始收集公猪精液（图 58、图 59）。

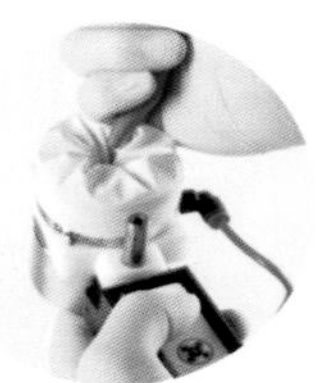
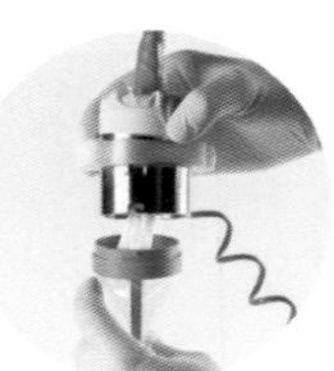

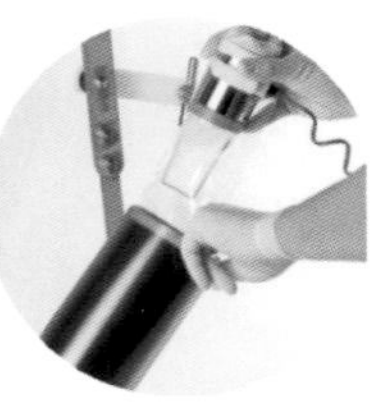

图 55　固定公猪的阴茎

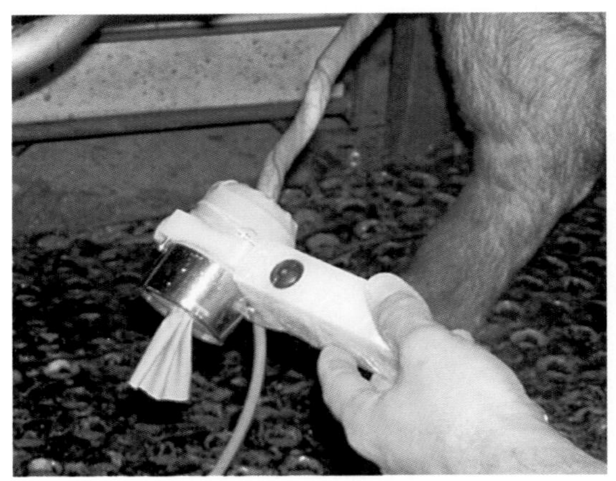

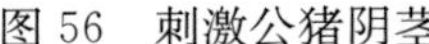
图 56　刺激公猪阴茎

图 57　安装过滤网

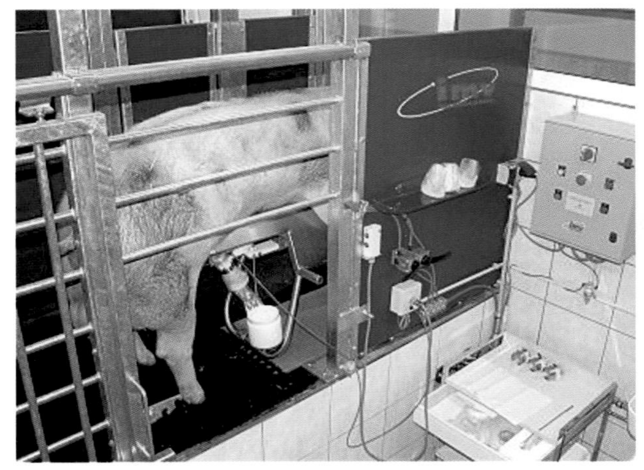

图 58　法国自动采精系统 2

图 59　法国自动采精系统 3

③公猪采精结束后，采精人员通过电动按钮打开假阴道。待公猪阴茎离开假阴道后，

将装有精液的采精袋从组件中分离出来，密封后通过传递窗送往实验室。最后从假阴道下面取出衬垫，换上新的衬垫后就可以开始为下一头公猪采精了。

90. 使用西班牙自动采精系统有哪些操作流程?

①采精前将采精杯、过滤纸、一次性采精袋等在假台畜下方固定，此时需为采精杯盖上盖子，避免空气中的杂质进入采精袋。

②公猪爬跨假台畜后，采精人员用假宫颈（图 60）握住公猪阴茎螺旋状部分，刺激阴茎勃起。

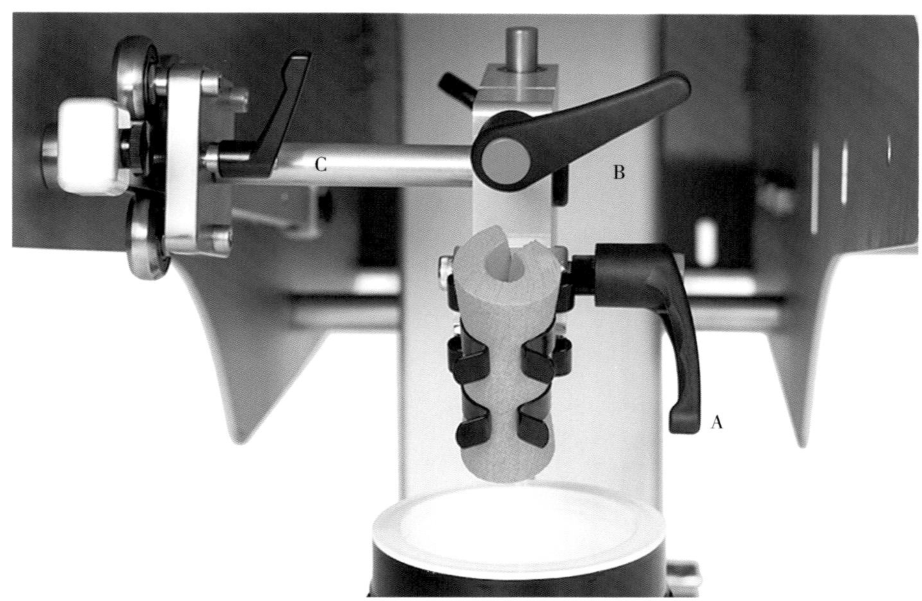

图 60　假宫颈

③待公猪开始射精时将假宫颈固定在阴茎夹中，通过旋杆 A 调节假宫颈的松紧程度，旋杆 B 调节假宫颈的倾斜角度，刺激公猪射精。

④待公猪开始射精后，打开采精杯盖子，收集精液。

⑤通过旋杆 C 调节滑动槽的摩擦阻力，使公猪在射精过程中可通过滑动槽前后移动，在一个较为自然舒适的姿势下完成射精。

⑥射精完成后，取下滤纸上的胶体，封闭采精袋，盖上盖子，将采精杯迅速传递至实验室。

91. 国内自动采精系统都有哪些?

目前国内自动采精设备尚处于起步阶段，多由国外设备创新改良发展而来（图 61、图 62），原理方法和采精程序可参考前述国外采精设备（图 63）。

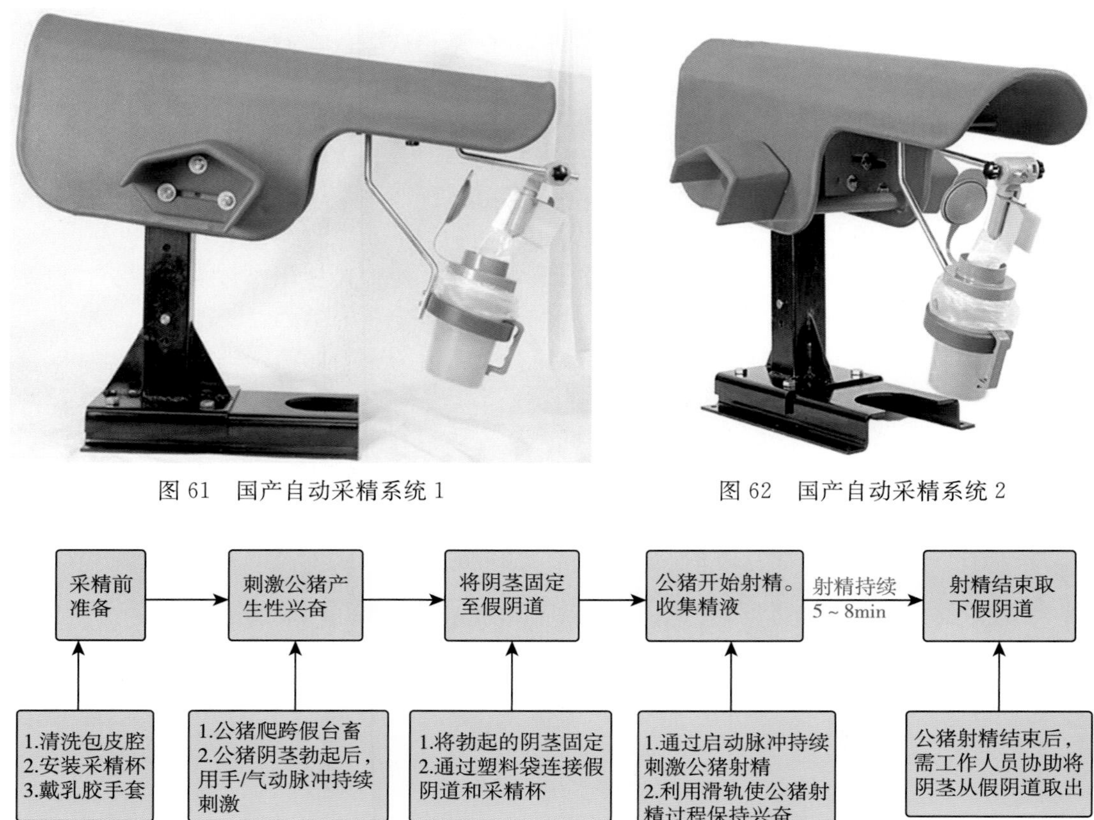

图61　国产自动采精系统1

图62　国产自动采精系统2

图63　自动分析系统采精流程图

92. 如何使用电刺激法对无法爬跨公猪采精？

公猪手术前24h禁食，使用舒泰（3～4.5 mg/kg）肌内注射，对公猪进行初始麻醉诱导，再使用2%～3%异氟烷（呼吸麻醉机）进行和维持麻醉。在公猪麻醉后，用0.7%碘化物溶液和生理盐水消毒包皮腔，然后将1根消毒塑料导管插入包皮腔。通过3次注射5mL消毒和预热的生理盐水清洁包皮腔（图64），然后轻轻按摩3min。随后，使用0.7%碘化物洗涤液（5mL，3次）对包皮腔进行消毒，最后用5mL消毒和预热的生理盐水洗涤3次。为了规范采精程序，应事先测量肛门与前列腺之间的距离。将电极通过肛门插入直肠，使用超声检查确定直肠电探针的位置（图65）。在前列腺处或前列腺周围固定直肠电探针通常会成功且充分地刺激公猪射精。对于地方品种公猪，可使用直径1.8～2cm、长30～40cm的三线电极（宽0.4cm、长5cm）直肠探头。由于电刺激采精常导致血压升高，所以在整个手术过程中不仅需持续监测体温、心脏和呼吸频率，还需用人体血压计监测动物的血压（图66）。当血压高于200mmHg时，应立即停止电刺激（图67～图70）。

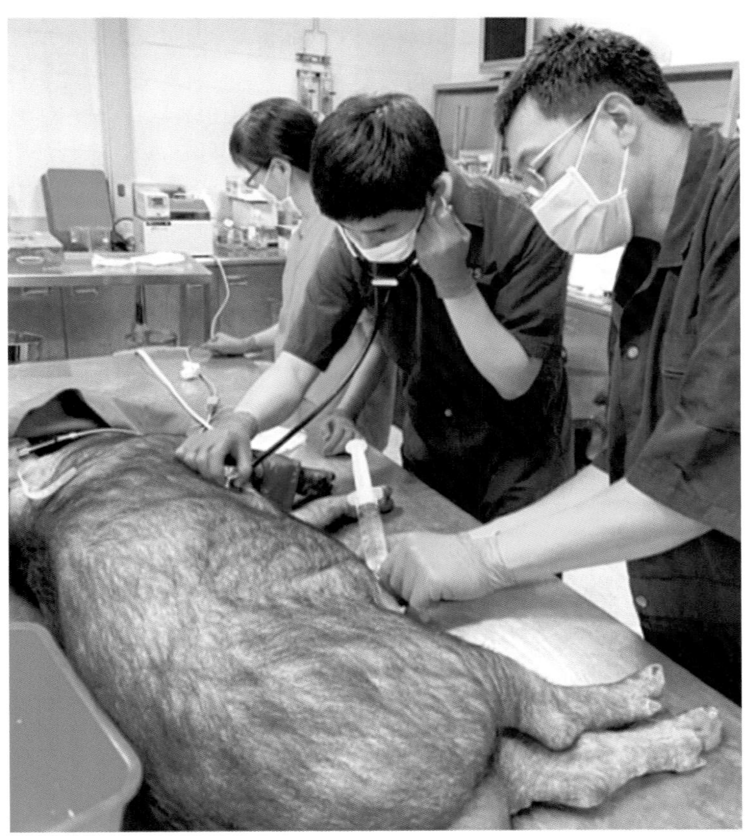

图 64　清洗包皮腔

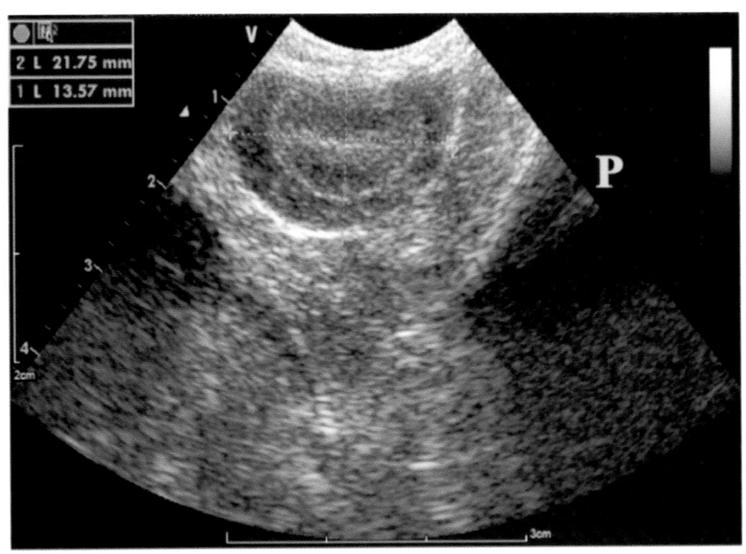

图 65　电探针位置

注："P" 为前列腺。

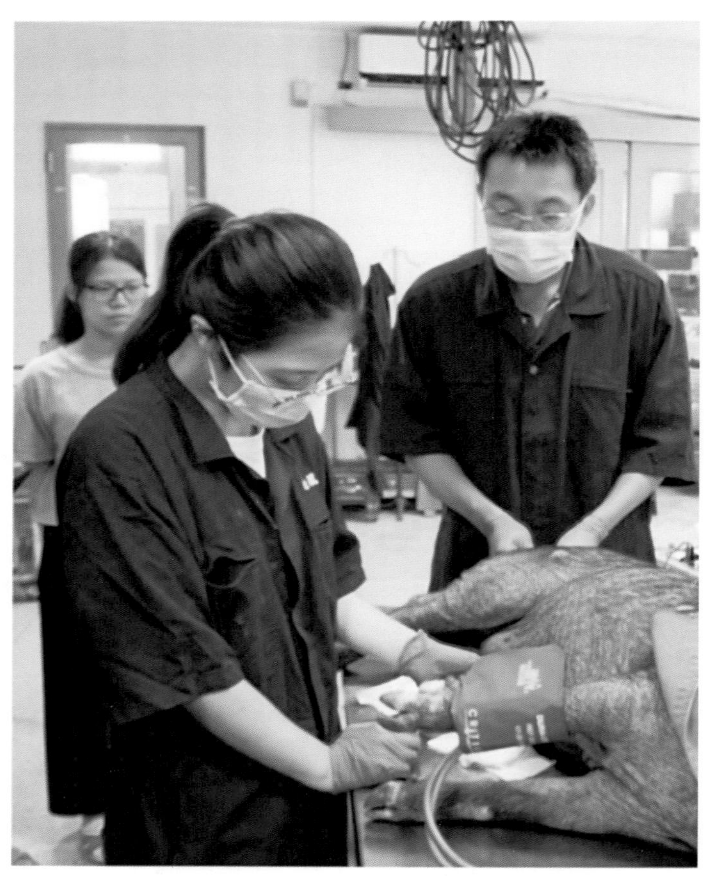

图 66　采精过程中血压监控

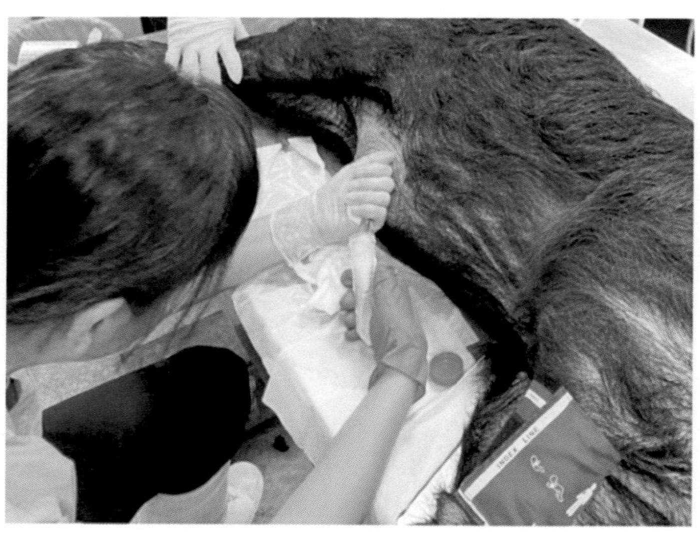

图 67　电刺激采精 1

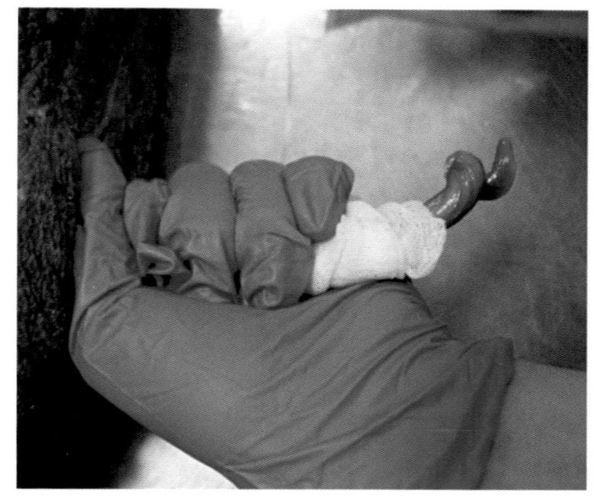

图 68　电刺激采精 2

图 69　电刺激采精收集精液

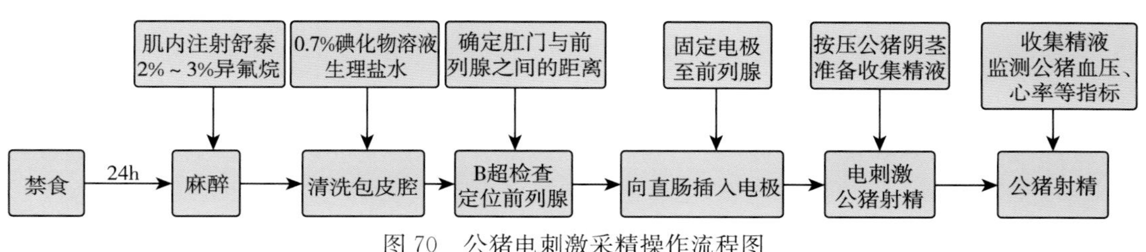

图 70　公猪电刺激采精操作流程图

93. 如何制定科学合理的采精及配种计划？

公猪精液采集一般以单位时间内获得最多有效精子数为目标，应根据公猪产精能力决定采精频率，尽量做到定时、定点、定人。通常成年公猪每周采精 2～3 次，青年公猪每周采精 1～2 次。

94. 哪些因素会影响公猪精液质量？

（1）遗传品种因素

遗传因素是决定公猪繁殖力的主要因素。就公猪的几个主要繁殖性状的遗传率（又称遗传力）估值来看，如睾丸大小（平均 0.4）、精子数量（平均 0.3）、性欲（平均 0.2）等性状的遗传力估值较高。不同品种之间遗传特性的不同导致精液品质产生差异。有研究表明，不同品种公猪的射精量不同，如杜洛克公猪（244.69mL）＞长白公猪（238.27mL）＞皮特兰公猪（206.24mL）＞大白公猪（191.25mL）。从精液密度来看，长白公猪略高于大白公猪，但各品种之间差异不显著。从精子活力来看，有研究表明，长白公猪精子活力平均值最高，长白公猪和大白公猪的精子活力明显高于杜洛克公猪。从总体上看，外种猪中大白公猪的精液品质最优，其次是大约克公猪，而杜洛克公猪是最差的。地方品种公猪精液在精液量和密度上都显著低于外种公猪。

（2）公猪年龄和采精频率

公猪的年龄直接影响精液品质。一般要求在公猪性成熟且达到成年体重的 60%～70%后开始采精调教。随着公猪利用年份的增加，其产精能力也会随之下降。生产中，公猪从 1 岁左右开始采精调教，采精利用 2～3 年，一般不超过 4 年。公猪 5 岁以后产精量开始急剧下降，应及时淘汰。

不同年龄段种公猪的采精频率是不同的，通常随着年龄增长采精频率有一定的增加，频率过高或过低都会对精液品质产生不利影响。一般 8～10 月龄公猪每周采 1 次；10～15 月龄应该每 2 周采 3 次；15 月龄以上可每周采 2 次，通常不超过 3 次。为了保证公猪精液品质，必须合理、有规律地对不同年龄段种公猪进行采精。

（3）营养水平

①能量：能量不仅影响公猪的生长及增肥，也影响着公猪的精液品质。公猪能量水平以每千克饲粮含消化能 12.56～13.00MJ 为宜，秋、冬季可以适当增加。虽然较高水平的日粮能量能够提高精液品质，但能量饲料供应过度会引起公猪的过度肥胖，造成其性欲降低，不愿配种。同时还会使精子密度降低，畸形率升高。

②蛋白质：公猪精液中干物质占 5%，其中蛋白质约占干物质的 74%。因此，蛋白质和氨基酸是种公猪精液和精子的物质基础。日粮含有较高水平的蛋白质，能显著增加采精量和精子总数，提高精子密度。蛋白质与脑垂体关系密切，蛋白质水平不足时，脑垂体的机能降低，促性腺激素分泌不足，抑制或损害睾丸的生精机能，导致种公猪的性欲降低，精液量、精液浓度和精液品质都会下降。因此，为了得到较高品质的精液，必须为公猪提供高品质的蛋白质。

③维生素：维生素能够有效地改善种公猪的繁殖性能，在精子的形成及生长发育过程中有重大的作用。维生素 A、维生素 D 和维生素 E 对精液品质有很大影响。缺乏维生素 A 时，公猪睾丸上皮细胞会变性退化，导致睾丸萎缩，促性腺激素的分泌受到阻碍，种公猪性欲降低，精子生成量减少，精液浓度降低，精子活力下降，精子畸形率增加。维生素 A 与精原细胞发育成精子有关，适当添加维生素 A，有助于提高种公猪的采精量、精子密度，降低精子畸形率。但要注意的是，过量添加维生素 A 反而会导致精液品质的下降。缺乏维生素 D 时，会影响机体对钙、磷的吸收利用，从而间接的影响精液品质。维生素 E 主要通过促性腺激素对性机能进行调节，可以促进精子的形成与活动，维持公猪的繁殖机能。采精量和精子密度随着维生素 E 浓度的增加而增加。而当缺乏维生素 E 时，会导致公猪的睾丸变性，促使精子运动异常。

④微量元素、矿物质元素：微量元素和矿物质元素水平对提高精液品质有重大价值。向种公猪饲喂适量的锌（Zn）、硒（Se）、锰（Mn）、铬（Cr）等矿物质元素可以有效增加射精量，提高精子活力，减少畸形率，显著提高精液品质。Zn 是精细胞发育所必需的元素之一，还与睾酮的生成有关。缺乏 Zn 时，公猪的睾丸停止生长发育，生精上皮萎

缩，垂体促性腺激素和性激素的分泌量减少，最终导致性欲降低。严重缺乏 Zn 时将导致精子产生完全停止。硒不仅影响雄性生殖激素的分泌，维持精细胞内的氧化还原状态，而且参与精子中段结构的构建和控制精子的发生过程，其合理应用可显著提高公猪的生产成绩。精子中的硒主要存在于线粒体膜中，缺硒将会导致精细胞受损，从而释放出谷氨酸草酰乙酸转氨酶，降低精子活力和受精能力，影响精子形态。日粮中添加烟酸铬可显著提高精子活力和精清果糖含量，有提高射精量和精子密度的趋势。

（4）季节

研究发现，公猪精液品质存在明显的季节变化，通常春、秋季公猪的精液品质最高，冬季次之，夏季最差；造成精液品质季节性变化的原因，一方面是季节性的光周期变化以及温度的影响。另一方面是热应激，外界温度过高会导致公猪食欲不振，性欲降低，高温环境会破坏精液产生的微观环境，从而降低精液的品质。

（5）精液稀释、保存与运输

使用成品精液时，需经历精液稀释、保存、运输等过程，这些过程对精液的品质都会产生影响。精液稀释就是在精液中添加适量配置好的，有利于精子存活、保证精子活力的溶液。选择合适的稀释液是最为关键的一步，在精液稀释过程中，水质对精子的活力以及畸形率有重要影响，良好的水质能够保证精液品质。精液的稀释环境温度通常维持在22～26℃。当温度高于 18℃时，精子活力较强，会造成能量消耗过多，减低精子的存活率；当温度低于 15℃时，精子受冷会造成不可恢复的损伤，从而导致精液品质下降；在 17℃时精子的运动明显停止或降低，同时只维持基础代谢，因此待精液稀释完毕室温（22～26℃）静置 1h 后应立即放于 17℃保存。精液运输时，最好在精液运输车中放置恒温箱，保证精液保存在 16～18℃环境中；成品精液的保存时间通常为 72h，必须尽快将精液送到目的地并在 72h 内使用，以保证人工授精的质量。运输过程中同样要注意尽量避免碰撞和剧烈震荡（图 71）。

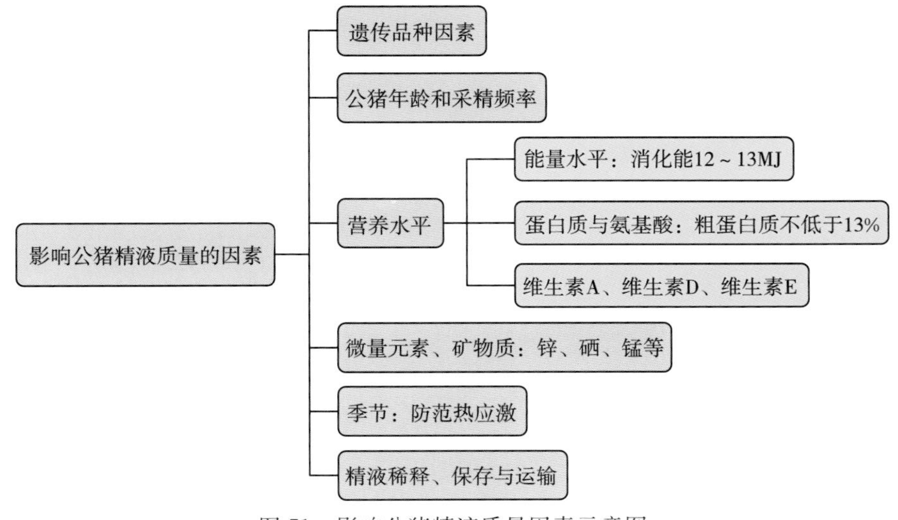

图 71　影响公猪精液质量因素示意图

95. 精液品质检查的项目主要有哪些？

猪精液的品质检查主要包含感官评价、精液量、精液活力、精液密度、精液畸形率等项目。

96. 如何对公猪精液进行感官评价？

颜色：肉眼观察精液的色泽和混浊度并记录。正常公猪精液为乳白色或浅灰白色，精液乳白程度越浓，精子密度越大。绿色、黄色、淡红色、红褐色等为异常精液的颜色，表明其中混有尿液、血液或脓液等。

气味：正常猪精液略带腥味，通常以扇气入鼻法判断精液气味是否正常。

97. 如何检测公猪精液量？

①电子台秤：精度为 0.1g 的电子台秤。

步骤：在室温（20～25 ℃）条件下，接通电子台秤电源，开机。检查电子台秤的运行情况并置零。将稀释用烧杯置于电子台秤称量盘称量并去皮。将精液从采精杯中取出置于烧杯中，并记录显示值。按 1g≈1mL 记录精液量。

②量筒：量程为 500mL 的量筒，其精度为 5mL。

向量筒里注入精液时，应用左手拿住量筒，使量筒略倾斜，紧挨着量筒口，使精液缓缓流入。注入液体后，等 1～2min，使附着在内壁上的精液全部流下来后，把量筒放在平整的桌面上再读取刻度值。观察刻度时，视线与量筒内液体凹液面的最低处保持水平，读取体积数。量筒每次使用后应用洗洁精和清水洗净后烘干备用（图 72）。

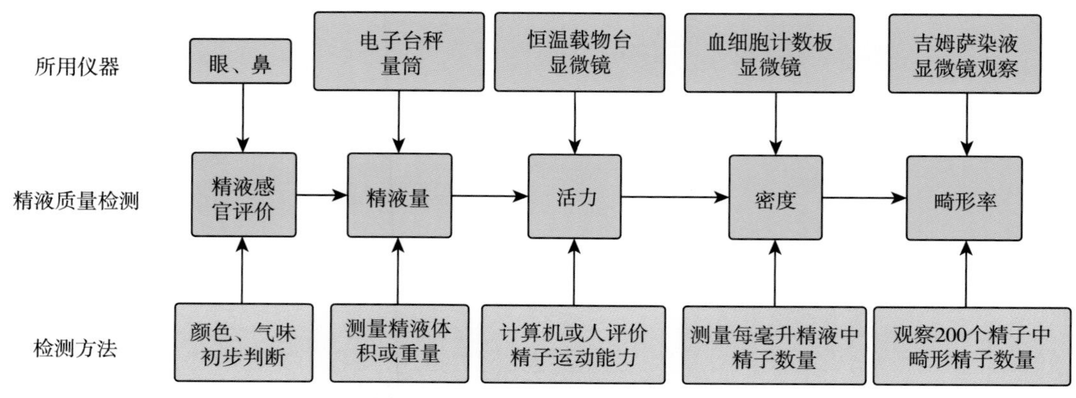

图 72　公猪精液质量检查流程图

98. 常用精子活力检测方法有哪些？

精子活力检测的常用方法有以下 4 种。

①肉眼观察法：正常未经稀释的精液可直接用肉眼观察到云雾状运动。

②目测评定法：用100～400倍的显微镜观察，用在37℃环境下制成的精液样品平板压片，进行评定的方法。

③死活染色法：利用活精子不会被某些染料（如伊红、刚果红）着色，而死精子因表面膜渗透性增加而易被着色这一特性来区分死、活精子，用染色的方法来进行精子计数，并计算死、活精子比例。

④计算机辅助精液分析系统：利用精子品质计算机辅助分析仪可以直接检测猪精子的轨迹速度、平均路径速度、直线运动速度、直线性、精子侧摆幅度等数据，并判断其活力，这种检测方法具有迅速、准确、重复性高等优点（图73）。

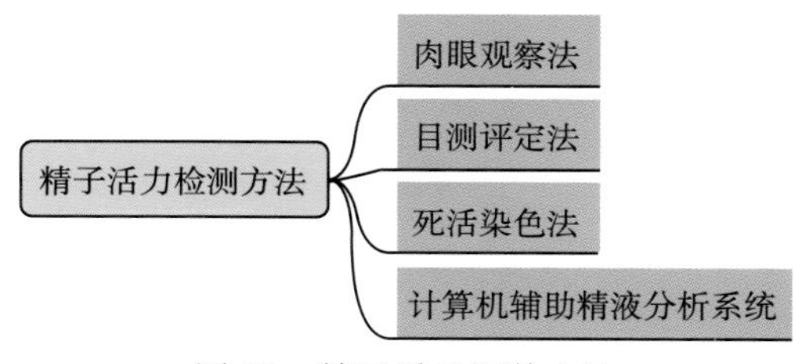

图73　精子质量评估方法

99. 怎样用目测评定法检测猪精子活力?

目测评定法检测精子活力操作方法：将载玻片放在37～38℃显微镜恒温载物台上恒温，用滴管或微量移液器吸取10μL的精液，放到恒温后的载玻片上，再用盖玻片均匀地盖住液面，制成压片，以便在检查精子细胞时能够看到精液的清晰画面。用经过预热到37℃的载玻片，在100倍或400倍的显微镜恒温载物台上，或在有保温箱的显微镜下观察，猪场也常用电视屏幕显微镜，可以更方便地进行观察评定。活力评定通常采用10级评分法，即按呈前进运动的精子所占百分率，分别评为0.1、…、0.9、1.0等10个等级。若无前进运动的精子，以“0”表示；呈直线前进运动的精子占总精子数的90%，以“0.9”表示。新鲜精子要求活力在0.7以上才能稀释使用，贮存精子要求活力在0.6以上才能使用（图74）。

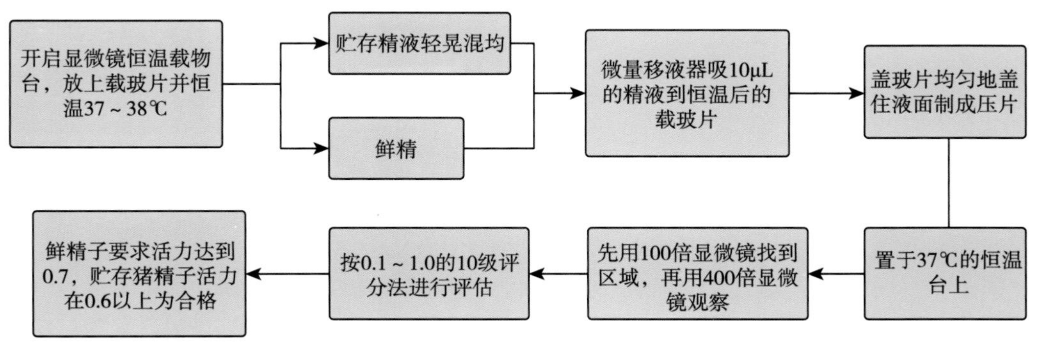

图74　目测评定精子活力程序

100. 怎样用死活染色法检测猪精子活力？

死活染色法常用的染液为伊红和刚果红，用作背景染色的染料有苯胺黑、苯胺蓝、亚尼林蓝和固绿（又称快绿）等，最常用的为伊红-苯胺黑染色。原理：伊红染料通过精子受损的细胞膜将精子染成红色，结构完整的精子则不着色，苯胺黑可以使背景变成黑色，更方便观察。方法：用生理盐水将伊红、苯胺黑分别配制成5％和1％的溶液；在载玻片上滴1滴伊红，旁边滴2滴苯胺黑，将1滴精液滴入伊红溶液中并混匀，再与苯胺黑溶液混匀并制成压片镜检；死精子呈粉红色，活精子不着色；计数500个精子中活精子的比例即为精子活力。整个染色过程温度应保持在37℃左右。该方法只能区别死精子和活精子，部分不是直线运动的活精子也不着色，因此评定的结果偏高，可以作为目测评定的辅助。具体步骤见图75。

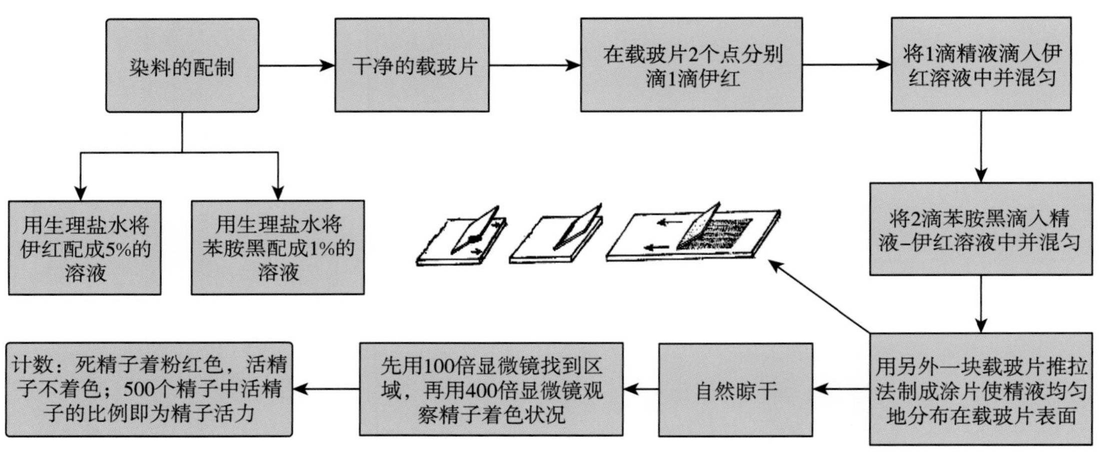

图75 死活精子染色法检测猪精子活力流程图

101. 常用密度的检测方法有哪些？

精液密度常见的检测方法有以下4种（图76）。

①估测法：在显微镜下根据精子稠密程度的不同，将精液密度粗略地分为“稠密”“中等”“稀薄”。

②精液密度仪法：精液密度仪的基本原理是，利用精液密度与精液透光性呈反比的规律，用光电比色法测定精液的透光性，再换算成精液密度，对照一般使用精液的稀释液，并用稀释液做仪器的归零处理。规模化养殖场多采用这种方法，该方法极为方便，检查所需时间短，重复性好，仪器使用寿命长，测定密度的误差约为10％。

③血细胞计数法：血细胞计数法是最准确测定猪精液密度的方法，但其存在测定速度慢的缺陷，常用来修订精液密度仪的准确性和定期检测公猪精液密度，日常生产中规模化养殖场很少用这种方法。

④计算机辅助精液分析系统：用精子品质计算机辅助分析仪测定密度，方法迅速、准确，但存在价格昂贵的问题。

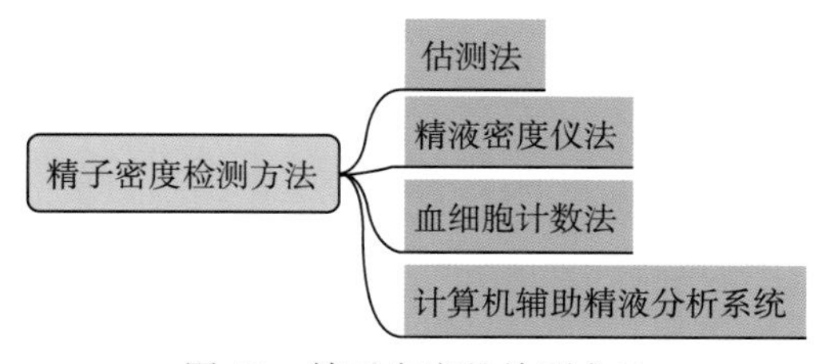

图 76　精子密度的检测方法

102. 如何简易估测精液密度？

简易估测法不用计数，在 400～600 倍显微镜下，根据精子的分布和精子之间的间隙来评估精液密度的。当精子之间的距离小于 1 个精子的长度，彼此间空隙很小，看不清楚各个精子运动的活动尾部，属于“密”，其精子密度在 10 亿个/mL 以上；精子之间的距离相当于 1 个精子的长度，有些精子的活动情况可以清楚地看到，这种精液的密度为“中”，一般其精子密度在 2 亿～10 亿个/mL；精子之间的距离大于 1 个精子的长度，则为“稀”，这种精液一般每毫升所含精子在 2 亿个以下。该方法操作简单，但对于不同检查人员而言，主观性强，误差较大，只能对公猪进行粗略的评价，适合于输精前对输精的数量进行估算（图 77）。

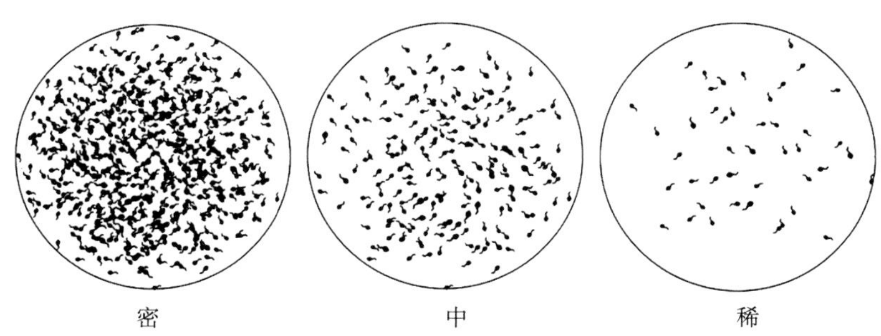

图 77　精液密度示意图（伏彭辉等，动物繁殖学实验与实习，2020）

103. 如何使用血细胞计数法测定猪精液密度？

血细胞计数法的具体步骤（图 78）：

①以微量取样器取具有代表性的原精 100μL，3%的氯化钠溶液 900μL，混匀，做 10 倍稀释，高渗盐水让精子死亡便于计数。

②在低倍显微镜下寻找盖上盖玻片的血细胞计数板的计数室，计数板上一侧有 25 个中方格（双线圈定），每个中方格内有 16 个小方格（单线圈定）。

③将稀释后的精液用微量取样器吸取 10μL，滴在血细胞计数板上盖玻片的边缘，精

液依靠虹吸作用进入计数室，应使之自然、均匀地充满计数室。

④先在 100 倍下找到 4 个角和中间处的中方格，即共计 5 个中方格计数室，再换至 400 倍下计数 5 个中方格的精子总数。

⑤计数精子时，以精子头部为准，如果精子头部压在中方格的双线上，则按照数上不数下，数左不数右的统一规则来计数。

⑥将 5 个中方格中精子的总数乘以 50 万即得原精的精液密度。

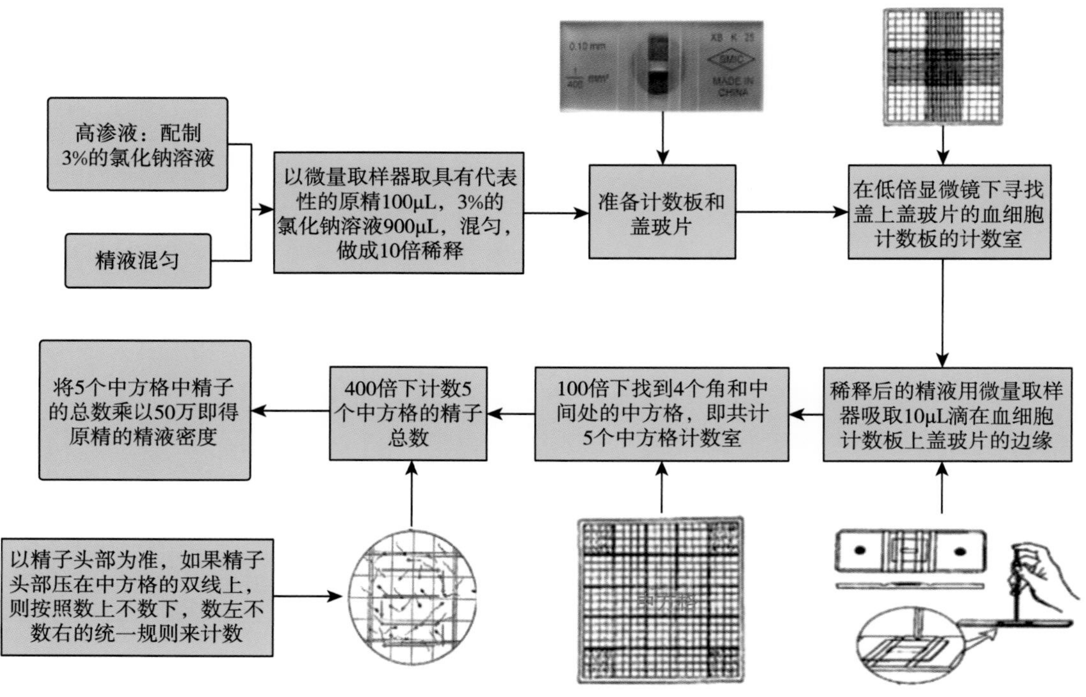

图 78　血细胞计数法检测猪精液密度流程图

104. 如何使用精液密度仪检测精液密度？

不同公司型号的精液密度仪有一定差异，但其主要操作步骤相似（图 79）：

①设备启动并预热，电子屏显示数位线即表示仪器已经启动。

②仪器校正，往比色皿中注入 10mL 的稀释液，按归零键（ZERO）等待仪器显示“0”。

③移液器向归零的比色皿中分 2 次注入 0.2mL 精液，并用移液器抽吸以混合均匀。

④按读数键（READ），显示屏上显示透光系数，通过换算来计算精液密度，部分设备也可直接读取密度。

密度仪的维护需注意：保持仪器清洁及干燥，即时擦掉溅到仪器上的液体，用湿布或无侵蚀作用的清洁剂擦拭；仪器使用完毕后应取出装有样品的比色皿，避免长时间放置；存放于阴凉处，远离化工产品或腐蚀性挥发物。密度仪消毒：建议使用 75%酒精或其他抗菌清洗剂为仪器消毒，可用布擦拭比色皿位置的污渍。另外要注意不能用紫外线消毒，因其易造成塑料部件的老化；如果污染严重，可将底座 4 个螺丝取下，将上、下外壳取下后，再用带有抗菌剂的布擦拭被污染部分。

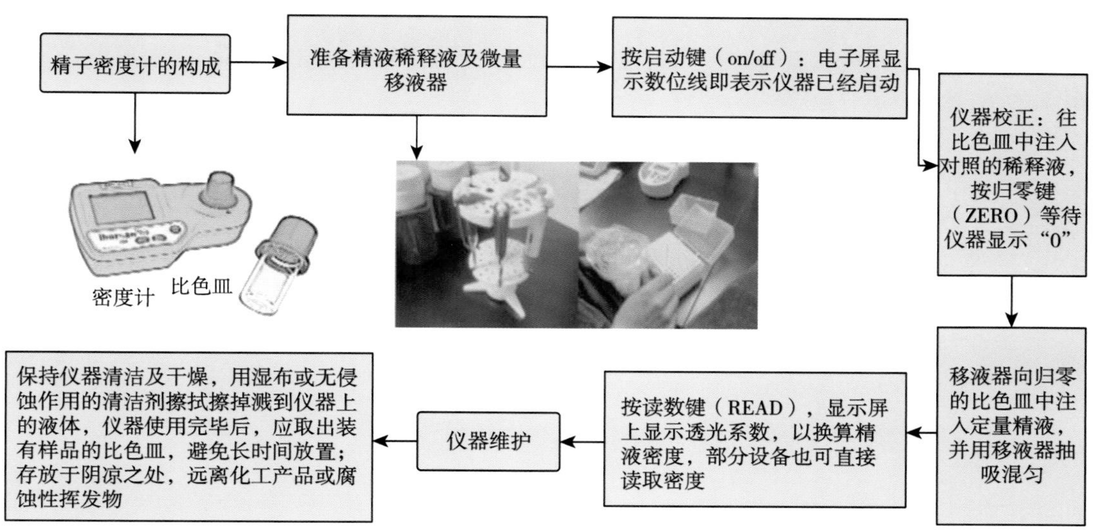

图 79　精液密度仪测定猪精液密度程序

105. 什么是畸形精子？畸形精子的种类有哪些？

形态和结构不正常的精子通称为畸形精子，畸形精子没有授精能力。精子的畸形受气候、营养、遗传、健康和年龄等因素影响。畸形精子的类型按照缺陷部位分类可以分为：头部缺陷，如大头、小头、锥形头、梨形头、圆头、不定形头、有空泡的头（超过 2 个空泡，或空泡区域占头部 20%以上）、顶体后区有空泡、顶体区过小（小于头部的 40%）、顶体区过大（大于头部的 70%）、双头，或上述缺陷的任何组合；颈部和中段的缺陷；尾部缺陷，如短尾、多尾、断尾、发卡形平滑弯曲、锐角弯曲、宽度不规则、卷曲；原生质残留，原生质在精子生成过程中形成，在精子成熟后自行脱落，有时原生质没有脱落，残留在近端或远端（取决于它距头部的远近），或上述缺陷的任何组合（图 80）。

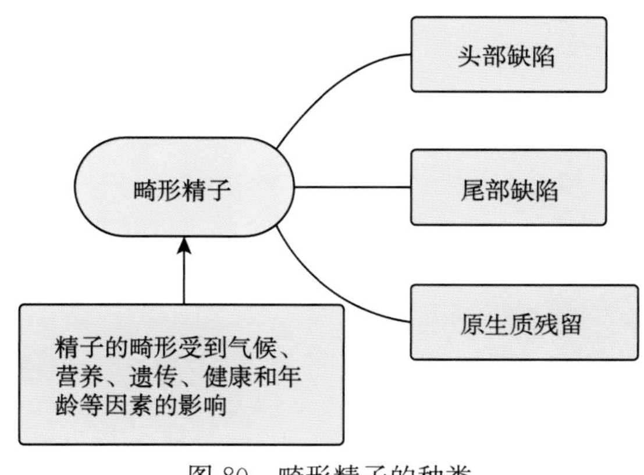

图 80　畸形精子的种类

106. 什么叫精子的畸形率？检测畸形率的染色方法有哪些？

精子畸形率是指精液中畸形精子占总精子数的百分率，后备公猪使用前要进行精子畸形率的测定，采精公猪要求每2周检查1次畸形率。

精子畸形率测定染色方法很多，常用的有红墨水染色、纯蓝墨水染色、伊红染色、美兰染色、龙胆紫染色、吉姆萨染色等。计数畸形精子时，要计数5个以上的视野，总精子数不低于200个。

公猪的畸形精子率一般不能超过18%，否则应弃去（图81）。

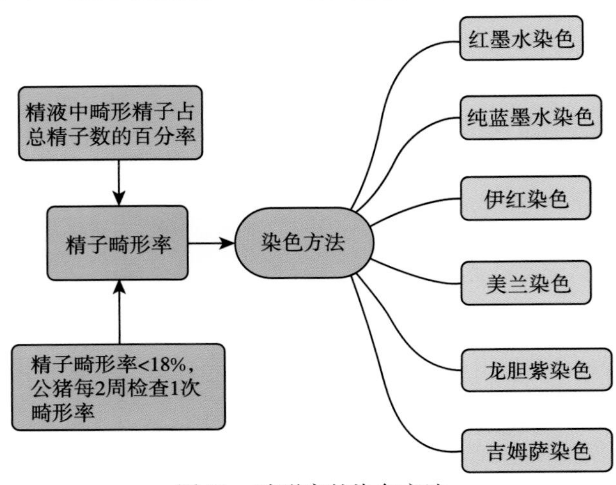

图81　畸形率的染色方法

107. 如何使用吉姆萨染色法检测精子畸形率？

①载玻片的准备：载玻片可用流水冲洗10min，70%乙醇浸泡过夜，自然干燥备用。也可在使用前用不掉屑的纸巾，用力擦干净磨砂载玻片的两面。

②抹片：精液摇匀，取10μL，将精液滴于载玻片的右侧中央，用另一块载玻片与前一片呈30°向右开口的角，放在精液滴的左侧，向右移动上面的载玻片，使精液进入两片载玻片的夹缝中，然后将上面的载玻片向左平稳推送，使精液均匀涂抹于下面的载玻片表面，自然晾干。

③固定：晾干后，在抹片上用95%酒精滴满，固定5min，或把抹片直接浸泡在95%的酒精中，3min，酒精可使精子表面物质变性，从而使精子附着在载玻片表面。

④先甩去抹片上的酒精，等到残留的酒精完全挥发后，滴10%吉姆萨染液覆盖住抹片，染色30min。

⑤用洗瓶轻轻地将染液冲掉，甩掉多余的水，或用纸巾（或滤纸）吸掉多余的水。

⑥在400倍显微镜下观察精子的形态，计数200个以上精子，统计畸形的精子数量。

⑦按照公式计算畸形率，即精子畸形率（%）＝畸形精子数/精子总数×100（图82）。

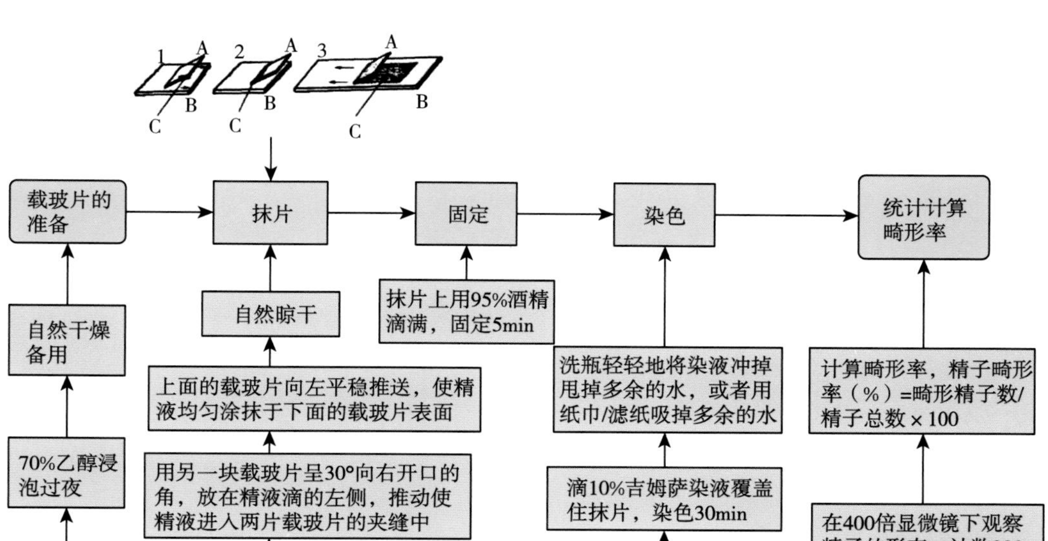

图 82　吉姆萨染色法检测精子畸形率操作程序

108. 如何使用伊红染色法检测精子畸形率？

除染色时间（用5%的伊红染液覆盖住抹片，染色时间5～10min）外，其余步骤与吉姆萨染色法步骤相同（图83）。

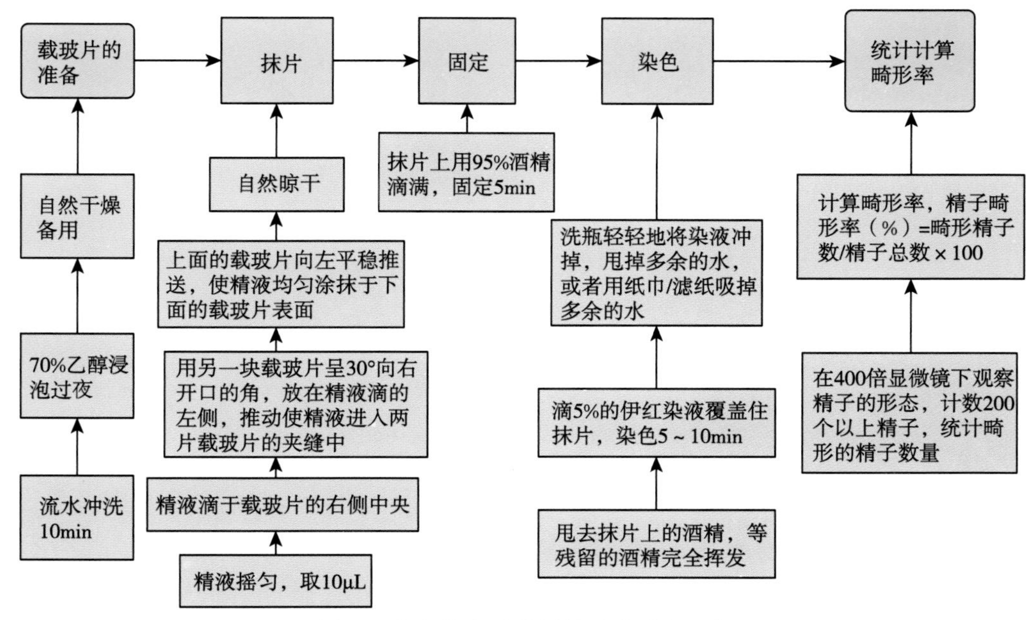

图 83　伊红染色法检测精子畸形率程序

109. 什么是精子的顶体？精子顶体异常有哪些种类？

顶体是精子细胞中一种特殊的细胞器，为一个膜性帽状结构，被覆于精子头部。顶体中含有许多水解酶类，如放射冠穿透酶、透明质酸酶、顶体素、蛋白酶、脂解酶、神经酰胺酶和磷酸酶等，其中以放射冠穿透酶、透明质酸酶及顶体素与受精关系最为密切。获能精子与卵子在受精部位相遇后，顶体外膜破裂，释放出顶体内的酶，溶解卵子外围的放射冠及透明带，称为顶体反应。通过顶体反应，精子通过卵外的各层膜进入卵内，完成受精。由于精子顶体在受精过程中具有重要作用，因此一般认为只有呈前进运动并顶体完整的精子才可能具有正常的授精能力。

精子顶体异常能导致母猪的受精障碍，顶体异常种类有膨胀、缺损、脱落等类型。猪精液的精子顶体异常率为 2.3%以内时，冷冻精子的顶体异常率会明显增加。如果原精顶体异常率超过 4.3%，则授精能力明显下降。常用的检测方法：将精液制成抹片，自然干燥，在固定液中固定片刻，水洗后用吉姆萨缓冲液染色 1.5～2.0h，水洗、干燥后用树脂封装，用 1 000 倍以上普通生物显微镜，随机观察 200 个以上精子，算出顶体异常率（图 84）。

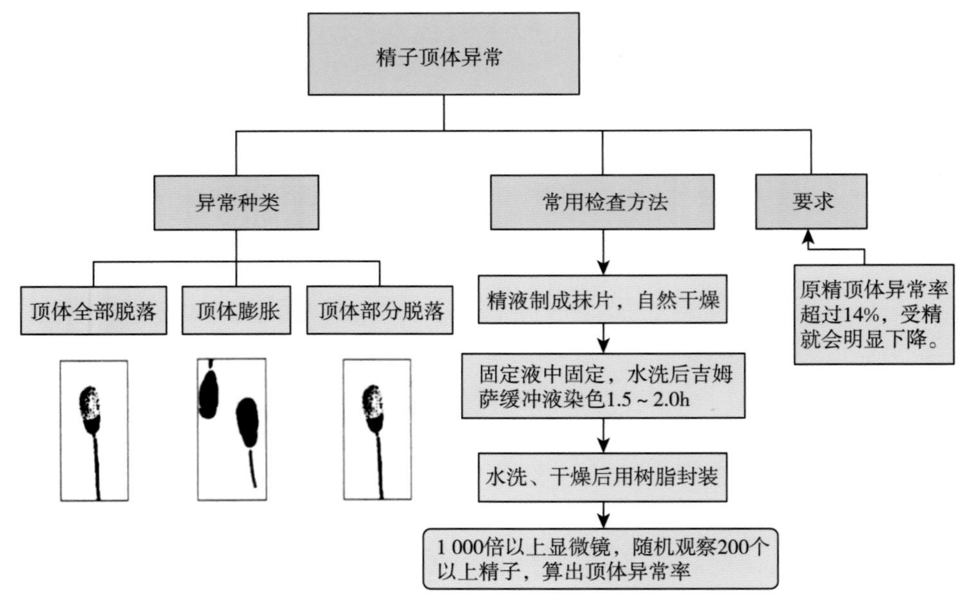

图 84　精子顶体异常类型及检测方法

110. 猪精液的 pH 是多少？如何检测？

猪的精液量大，精清占比大，故 pH 偏碱性，约为 7.5，范围在 7.3～7.9。公猪最初射出的精液为弱碱性，其后精子密度较大的浓精液则呈弱酸性。若公猪患有附睾炎或睾丸萎缩症，其精液则呈碱性反应。精液 pH 的高低影响着精液的质量，相比之下，pH 偏低

的精液品质较好；pH 偏高的精液其精子授精力、生活力、保存效果等显著降低。

测定 pH 最简单的方法是用 pH 试纸测定，滴一滴原精到 pH 试纸上，用标准比色卡目测即得结果，适合基层人工授精站采用；酸度计测定 pH 值结果更为准确，取一定量的原精，用干净的酸度计探头接触，直接读取 pH，酸度计测定准确，但设备价格昂贵。

111. 猪精液稀释液的作用是什么？稀释液的基本成分是什么？

精液保存除了需要适宜的温度外，一份优良的稀释液必须具备提供精子最理想的生存环境，保护精子细胞膜的完整性，排除一切对精子不良影响的因子，提供精子可以吸收的营养物质，在不影响精子生活力和授精力的前提下抑制精子代谢，使之处于可逆的休眠状态。

稀释液的主要成分：

①糖类：葡萄糖、果糖等，提供能量。

②弱酸盐：柠檬酸钠、碳酸氢钠等，提供 pH 缓冲环境。

③强酸盐：氯化钾等，提供渗透压。

④乙二胺四乙酸二钠（EDTA－2Na）：螯合二价阳离子。

⑤抗生素：青霉素、链霉素等。

⑥水：双蒸水，水质对精子的影响很大，要求双蒸水。（图 85）

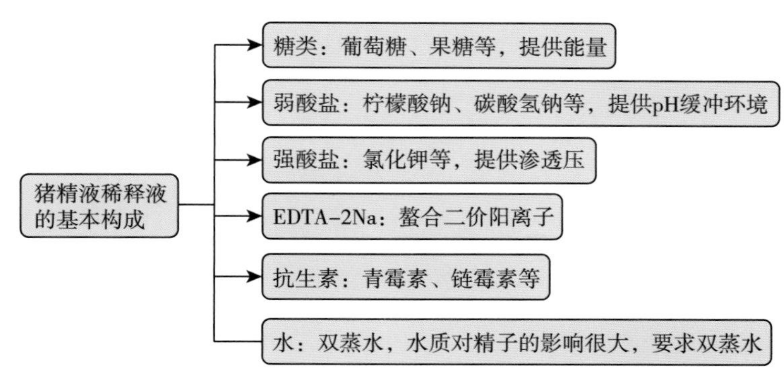

图 85　猪精液稀释液的基本成分

112. 精液稀释液主要有几种类型？如何选择？

稀释剂可直接购买，也可自行配制。可根据需要选择，不过，人工授精技术尚未熟练之前，最好购置成品稀释粉，减少因稀释粉配制不当带来的问题。稀释剂通常呈固体粉状，溶解后，液态时 4℃保存不超过 48h。抗生素的添加，应在稀释精液时加入稀释液，太早易失去效果。稀释剂分为短效、中效和长效等类型，短效稀释剂一般要在 3d 内使用，如 BTS、Kiev（MERCKⅢ）、修饰 Kiev；中效一般可保存 4～6d，如 VSP、Modena；长效一般可保存 7～9d，如 Androhep、AndrohepPlus、X－CELL、MR－A、ACROMAX、修饰 Modena、VITAL 等。无论用哪种稀释粉配方稀释的精液，均应尽快输精，除非迫不得已。不同公猪的精液对稀释液有一定选择性，如果一头公猪精液用某种稀释液保存失效时，要考虑改变稀释液配方。当然，固定的稀释液配方应满足多数公猪精液的保存（图86）。

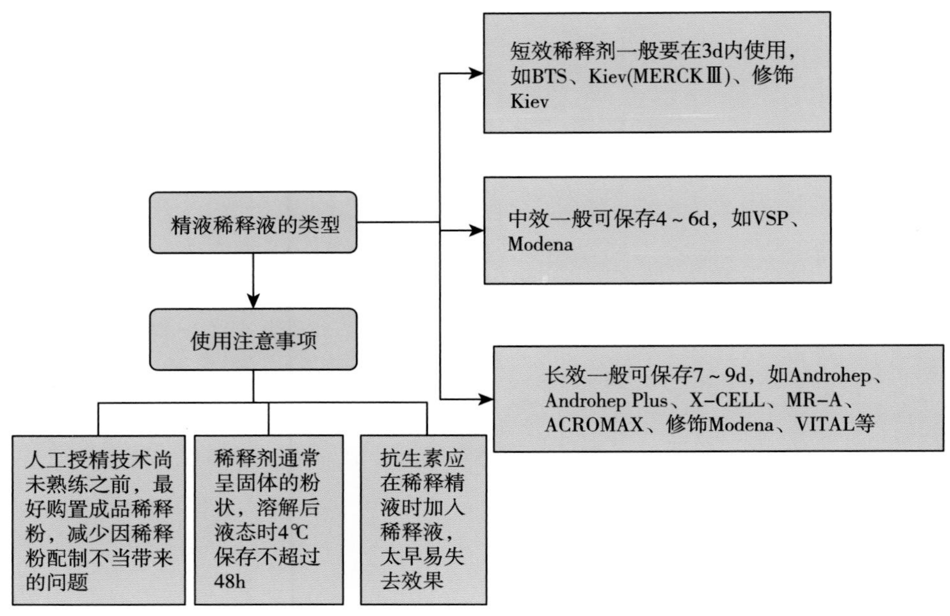

图86　精液稀释液类型

113. 经典的稀释液配方有哪些？

经典稀释液配方见表5。

表5　经典稀释液配方

配制	稀释液名称				
	BTS	Guelph	Zorpva	Reading	Modena
葡萄糖/g	37.15	60.00	11.50	11.50	27.5
柠檬酸钠/g	6.00	3.75	11.65	11.65	6.9
乙二胺四乙酸（EDTA）/g	1.25	3.70	2.35	2.35	2.35
碳酸氢钠/g	1.25	1.20	1.75	1.75	
氯化钾/g	0.75			0.75	
青霉素钠/g	0.60	0.60			
硫酸链霉素/g	1.00	0.50	1.00	0.50	
聚乙烯醇（PVA）/g			1.00	1.00	
三羟甲基氨基甲烷（Tris）/g			5.50	5.50	
柠檬酸/g			4.10	4.10	2.9

（续）

配制	稀释液名称				
	BTS	Guelph	Zorpva	Reading	Modena
半胱氨酸/g			0.07	0.07	
青霉素Ⅴ（苯氧甲基青霉素）/g			0.06		
海藻糖/g				1.00	
林肯霉素				1.00	
二羟甲基氨氢甲烷/g					5.65
硫酸多黏菌素/g					0.016 7
可保存精液的天数/d	3	3	5	5	7

114. 精液稀释液配制时需注意些什么？如何配制精液稀释液？

配制稀释剂要用精密电子天平，不得更改稀释液的配方或将不同的稀释液随意混合。配制好后应先放置1h以上，再用于稀释精液，液态稀释液在4℃冰箱中保存不超过24h，超过贮存期的稀释液应废弃，抗生素应在稀释精液前再加入稀释液里，太早添加易失去效果。如果使用成品稀释液，应按包装要求的倍数稀释（图87）。

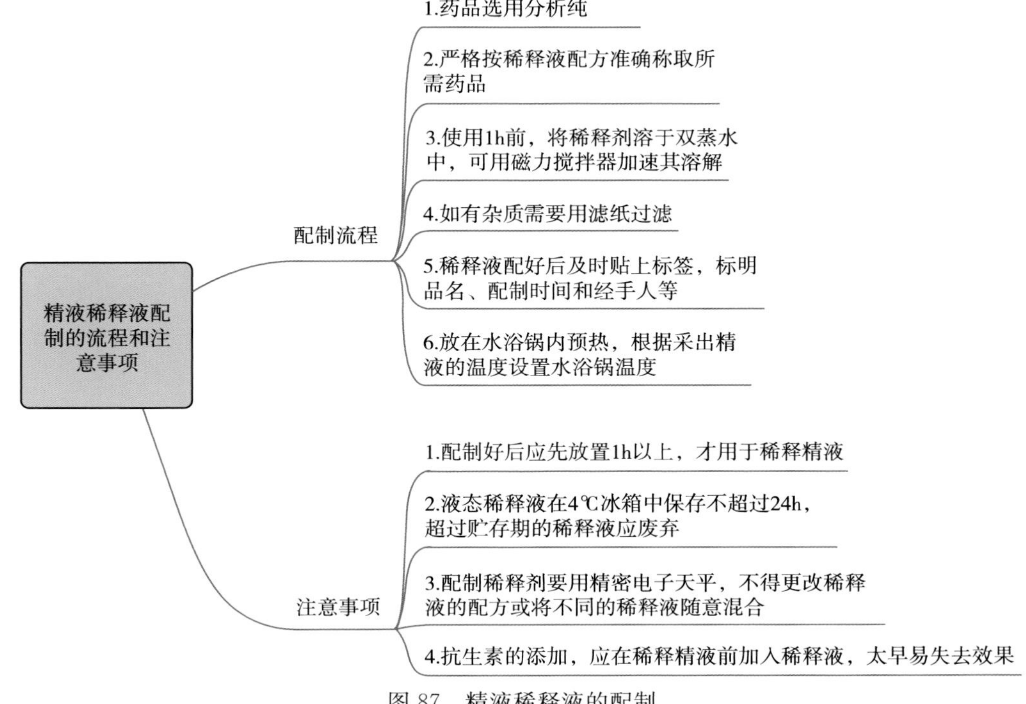

图87　精液稀释液的配制

稀释液的配制的具体操作步骤：

①所用药品要求选用分析纯，对含有结晶水的试剂按摩尔浓度换算。

②按稀释液配方，用称量纸和电子天平按 1 000mL 和 2 000mL 的剂量准确称取所需药品，称好后装入密闭袋。

③使用前 1h，将称好的稀释剂溶于定量的双蒸水中，用磁力搅拌器加速其溶解。

④如有杂质需要用滤纸过滤。

⑤稀释液配好后及时贴上标签，标明品名、配制时间和经手人等。

⑥放在水浴锅内预热，以备使用，水浴锅温度设置不能超过 39℃。

⑦认真检查配好的稀释液，发现问题及时纠正。

115. 如何确定精液稀释液的添加量?

确定精液稀释液的添加量，首先要确定输精剂量，不同输精方式所需的输精剂量有差异，常规输精每头份精液的量一般要求 80～100mL，不能少于 70mL，但后备母猪可以控制在 60～80mL；深部输精的量一般为 40～50mL。其次要确定每头份精液含总精子数，每头份精液含总精子数一般为 20 亿～60 亿个，不同国家、不同稀释液配方，输入的总精子数有一定区别。引入猪种一般建议每头份精液含有效精子数为 28 亿个，深部输精为 10 亿～15 亿个。最后要确定加入稀释液的量，根据精液的重量、精液的密度、精子的活力、畸形率等指标算出有效的精子数，配合每头份精液体积和总精子数的要求，确定稀释液的添加量可根据公式：稀释液添加量＝（原精液重量×精液密度×精子活力×畸形率/每头份精液要求的有效精子数）×每头份精液要求量－原精液重量（体积）（图 88）。

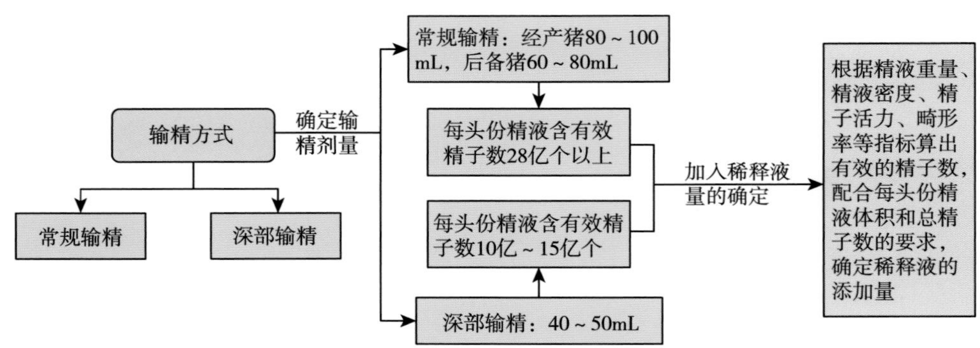

图 88　确定精液稀释液的添加量流程图

116. 如何对精液进行稀释?

确定稀释液量后按以下步骤稀释。

①调节稀释液的温度与精液一致（两者的温差在 1℃以内），注意必须以精液的温度为标准来调节稀释液的温度，不可逆操作。

②把装在采精袋中精液移至装有 2 000～3 000mL 的稀释袋大塑料杯中，将等温稀释

液沿杯壁缓慢加入精液中，轻轻搅匀或摇匀。注意绝不能将精液倒入稀释液，否则，将导致大量精子死亡。

③如需高倍稀释，先进行 1∶1 的低倍稀释，1min 后再将余下的稀释液缓慢加入。不能将稀释液直接倒入精液，因精子需要一个适应过程。也可先将稀释液慢慢注入精液一部分，搅拌均匀后，再将稀释后的精液倒入稀释液中，这样既有利于提高精子的适应能力，也可使稀释精液均匀混合。

④精液稀释的成败，与所用仪器的清洁卫生有很大关系。所有使用过的烧杯、玻璃棒及温度计，都要及时用蒸馏水洗涤并消毒，是稀释后的精液能保存、利用的重要条件。

⑤精液稀释的每一步操作均要检查活力，活力下降必须查明原因并加以改进。

⑥稀释后要求静置片刻再做活力检查，若精子的活力没有明显降低，便可以分装。

⑦稀释后的精液也可以采用大包装集中贮存，但要在包装上贴好标签，注明公猪的品种、耳号以及采精的日期和时间（图 89）。

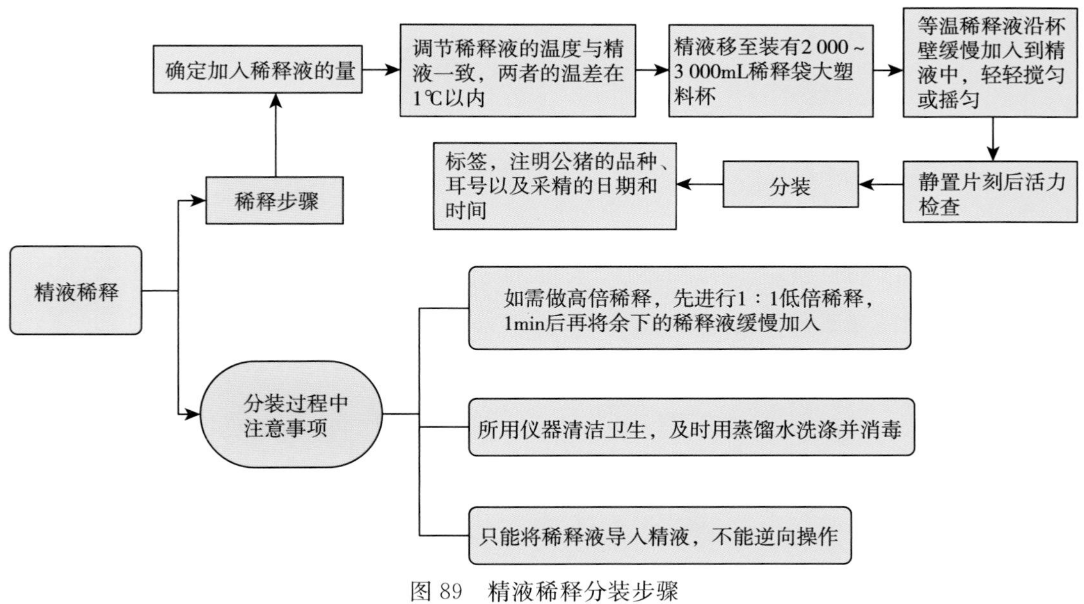

图 89　精液稀释分装步骤

117. 精液稀释过程需要注意哪些问题？

精液稀释过程需要注意以下几个方面：器具必须消毒，在使用前可以用少量稀释液冲洗 1 遍；品质检查不合格的精液（活力小于 0.7，畸形率大于 18%）不能稀释；原精放置时间不宜超过 30min，尽快稀释；稀释时严禁阳光直射，精液要求等温稀释，以精液为标准，调节稀释液的温度，保持与精液的温差在 1℃内，高倍稀释时先进行等倍稀释，以防稀释打击，稀释液应沿杯壁加入精液中，轻摇混匀，以每个输精剂量 40 亿个，体积 80～

100mL确定稀释倍数，稀释后要求静置片刻再做精子活力检查（图90）。

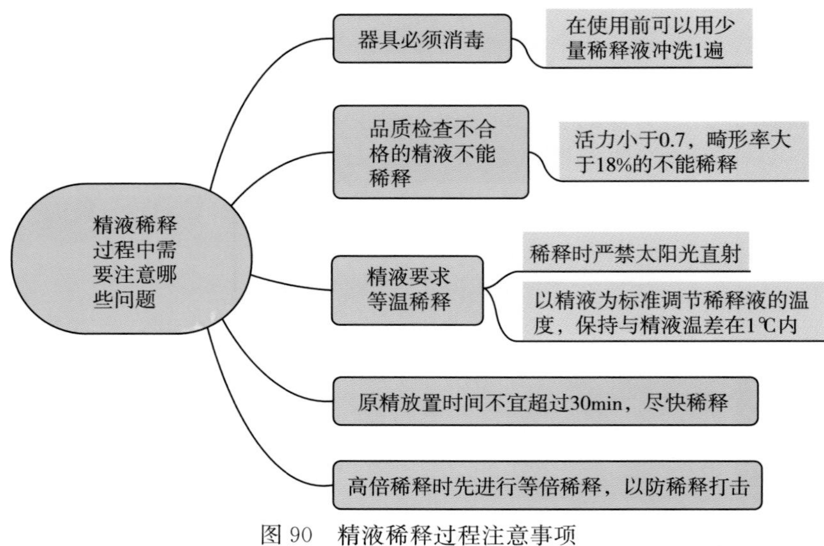

图90　精液稀释过程注意事项

118. 怎样混合精液？

混合精液要求精液混合量不应超过器具一次能够处理的最大容量，基本步骤如下（图91）。

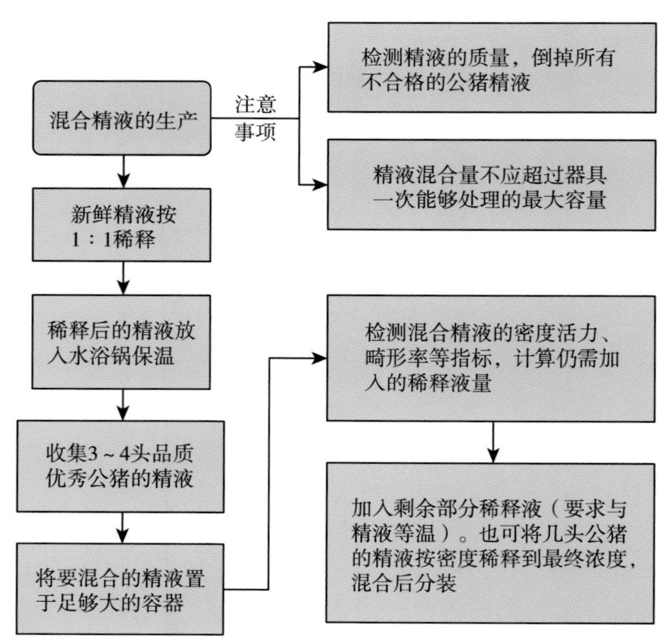

图91　混合精液使用步骤

①检测精液的质量，倒掉所有不合格的公猪精液。

②新鲜精液按 1∶1 稀释，根据精子密度和混合精液的量，计算需加入稀释液的量。

③将部分稀释后的精液放入水浴锅中保温。

④重复上述处理、收集处理 3～4 头品质优秀公猪的精液。

⑤检测混合精液的密度活力、畸形率等指标，计算需加入的剩余部分的稀释液量。

⑥将要混合的精液置于足够大的容器中。

⑦加入剩余稀释液（要求与精液等温）。

⑧也可将几头公猪的精液按密度稀释到最终浓度，混合之后进行分装。

119. 为什么要在分装过程中将输精瓶（袋）中的空气排出？

震动对精子活率影响不大，但是精液与空气接触的震动，可引起精子死亡，对授精效果影响较大。因此，在分装精液时，一定要尽量排空瓶（袋）中的空气，降低精子活率下降的概率，使精子处于低氧环境中，减少精子的运动，保障保存效果（图 92）。

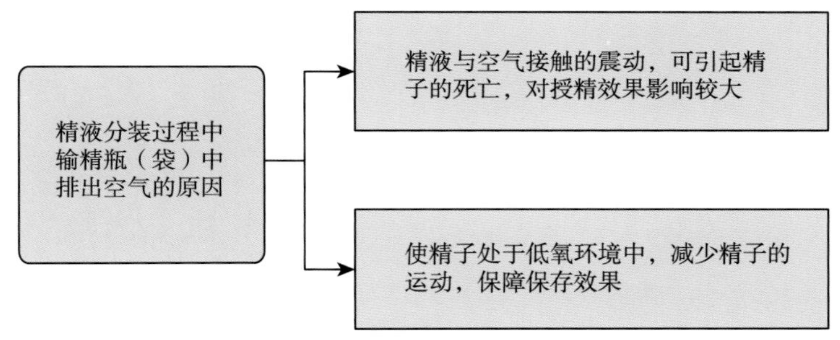

图 92　输精瓶中排出空气的原因

120. 精液稀释后如何减少分装过程中精子的应激？

装精液用的瓶、管、袋均须是对精子无毒害作用的塑料制品。选择合适的分装方式，精液的分装方式有瓶装、管装和袋装 3 种，瓶装的精液分装时简单方便，易于操作，但因瓶子有一定的固体形态，输精时需手动在瓶底开口；袋装的精液分装一般需要用专门的精液分装机，用机械分装、封口，输精时因其较软，一般不需人为挤压。瓶（袋）上一般有刻度，最高刻度为 100mL，袋子一般为 80mL；精液分装前先检查其活力，若无明显下降，按每头份 80～100mL 分装。分装后的精液，要逐个粘贴标签，一般一个品种一个颜色，便于区分；分好后，将精液瓶加盖密封，封口时尽量排出瓶中空气；标签上标明公猪的品种、耳号、采精日期与时间。需要保存的精液先在室温（22～25℃）下放置 1～2h，或用干毛巾包裹几层，直接放在 17℃（16～18℃）的精液保存箱中（图 93）。

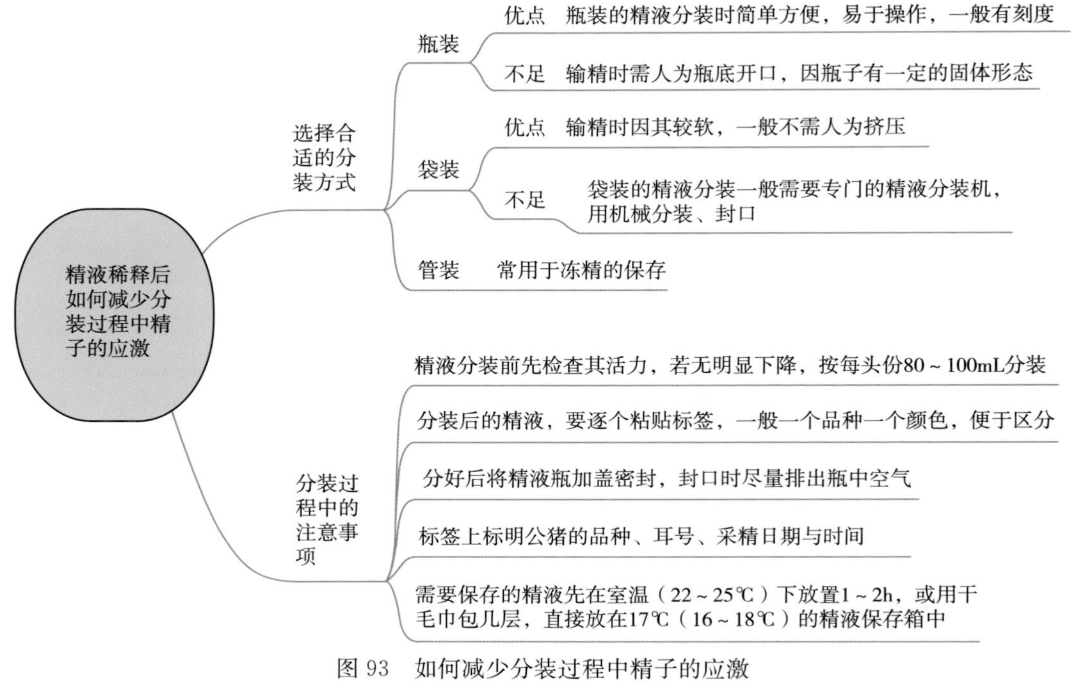

图 93 如何减少分装过程中精子的应激

121. 稀释后的常温精液如何保存？

猪精液保存温度常选择 17℃（16～18℃），这是因为温度越高精子运动快，保存时间越短；温度越低，精子运动速度越慢，保存时间越长，因此，温度越低保存效果越好。但是，当温度降至 0～10℃时，精子会因冷休克死亡。主要是因为精子的膜是由缩醛磷脂组成的液态选择性通透性膜，缩醛磷脂在温度低于 10℃时呈固态，会使精子膜的通透性改变，造成精子死亡。常温保存所需的设备简单，便于普及推广，特别适宜猪全份精液保存。

122. 精液保存过程中应注意哪些问题？

为降低精子对温度变化的应激，在精液保存过程应该缓慢降温，将分装完的精液置于室温（22～25℃）下 1～2h 后，放入 17℃恒温箱贮存，也可将精液用纱布或者干净毛巾包裹几层后，直接放置于 17℃恒温箱，让其温度缓慢下降，避免因温度变化过快，导致精子死亡；保存过程中，每天轻缓摇动精液 2 次，防止精子沉淀，引起精子死亡；精液瓶和袋应平放，增大精子沉淀后铺开的面积，减少沉淀的厚度，延长精子保存时间；监测保存箱温度变化，放高低温度计，记录保存箱温度变化；尽量减少精液保存箱门开关次数，以减少对精子的影响；保存精液使用前要进行活力检查，低于 0.7 的丢弃不用（图 94）。

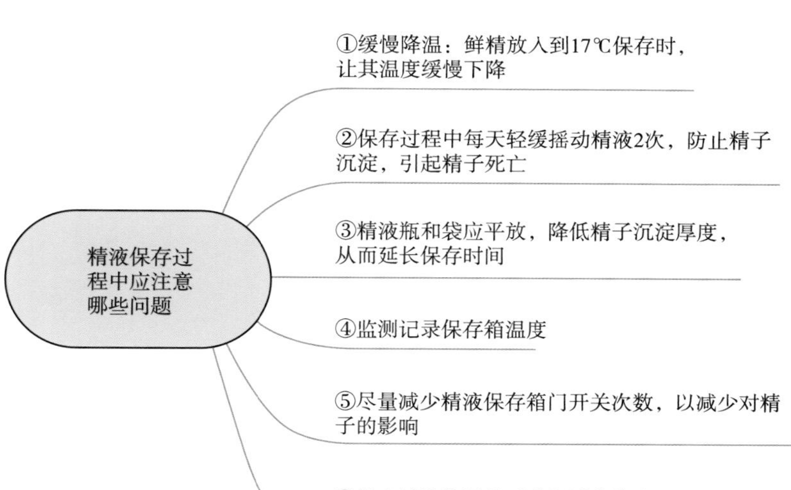

图 94 精液保存过程中注意事项

123. 精液运输过程中应注意哪些问题?

①精液在运输之前必须经过严格检查，活力低于 0.7 的精液严禁调出；公猪站调出的精液标签必须清楚，标签不明或无标签的精液，用精单位有权拒收。

②包装时，尽量排出空气，减少在运输过程中的震荡。

③运输过程中，放入 16～18℃的保温箱中保温，且应严格避光。

④精液经运输后，需要检查精子活率，合格才可接收。

⑤输精前必须对同编号的精液抽样检查，液态常温保存的精液在 37℃下活力不低于 0.7（≥0.7）方可使用（图 95）。

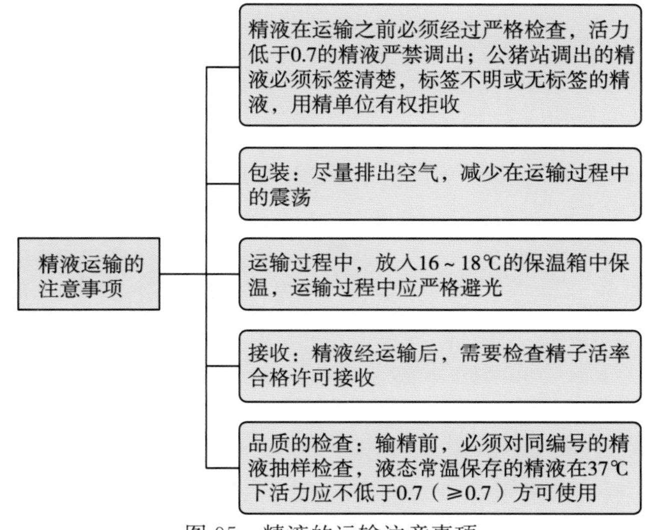

图 95 精液的运输注意事项

124. 为什么刚从恒温箱中取出的精液中精子不是运动的？

常温保存原理主要是利用一定范围的酸性环境抑制精子的活动，或用冻胶环境来阻止精子运动，以减少其能量消耗，使精子保持在可逆性的静止状态，不丧失授精能力，因此，从恒温保存箱中取出的精液，需要加温后精子才能运动。

125. 后备母猪的饲养管理有哪些要点？

①选择合格的后备母猪。从繁殖能力、泌乳力等方面，选择产仔数多、泌乳力好的品种品系；外形符合品种特征、体质结实、外阴发育良好、有效乳头6对以上、个体单测指标在平均数以上，综合选择指数高的个体（图96）。

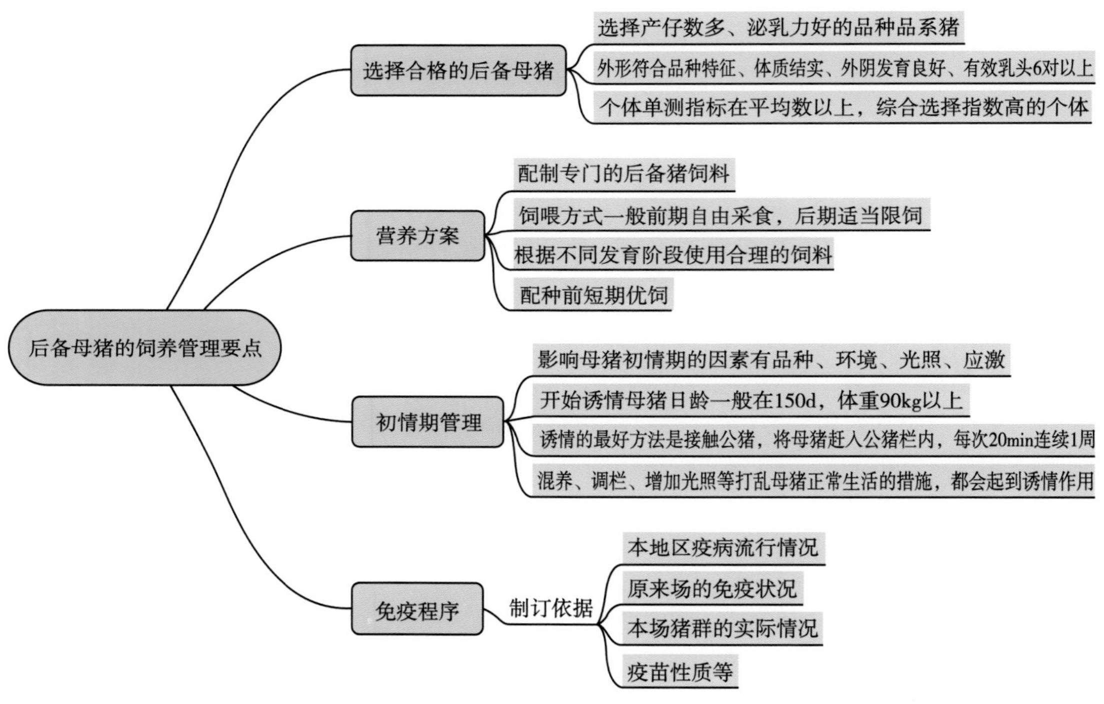

图96 后备母猪的饲养管理要点

②为后备母猪配制专门的后备猪饲料。饲喂方式一般前期自由采食，后期适当限饲（采食量为正常的80%以上）。这样利于发情配种，此外，要求蛋白质、氨基酸平衡，一般粗蛋白质含量为15%、赖氨酸含量为0.7%。后备母猪培育期饲料中钙、磷含量较高，钙为0.9%、磷为0.73%，这样可以使骨骼中的矿物质沉积量达到最大。后备猪的饲料配方应根据体重大小，在饲料原料中考虑是否添加鱼粉和膨化大豆。如果体重在80kg以下，添加鱼粉1%左右，膨化大豆1%；80kg以上至7月龄阶段，主要考虑胃肠功能的强化、性器官的发育等，不加鱼粉和膨化大豆；7月龄至发情期，实施短期优饲，可以饲喂

哺乳母猪饲料。膘情控制，八成膘为理想膘情。

③诱导母猪发情。影响母猪初情期的因素有品种、环境、光照、应激，诱导发情的最好方法是接触公猪，将母猪赶入公猪栏内，每次20min连续1周。开始诱情母猪日龄一般在150d，体重90kg以上。此外，还有放牧、调栏、增加光照等打乱母猪正常生活的措施，都会起到诱情作用。

④制订免疫程序。原来场的免疫状况、本地区疫病流行情况、本场猪群的实际情况、疫苗性质等，参照这些制订适合本场的免疫程序。一般是通过流行病学调查、病理剖检、实验室诊断后，结合疫病的感染程度决定是否增加疫苗。

126. 后备母猪饲养管理过程中常见错误操作有哪些？如何避免？

①后备母猪可饲喂育肥猪饲料或妊娠母猪饲料。后备母猪钙、磷需求比育肥猪高，蛋白质需求和能量需求均比妊娠母猪高。如果营养不平衡、激素分泌失衡，将会影响输卵管的正常功能，最终导致繁殖障碍，缩短母猪的使用年限。后备母猪应使用专门的后备母猪饲料并让其自由采食，至100kg体重后再限饲，采食量限制在2.75～3.00kg/d，使母猪有合理的皮下脂肪储备。提高饲料中蛋白质的含量，能促进性成熟。特别注意的是，在配种前2～3周应适当补饲催情。原则上将初配时P2点背膘厚度控制在16～18mm。

②合适的体重和日龄是后备母猪配种时必须满足的两个条件，缺一不可，但很多猪场却由于种种原因未能达到这一原则。体重过轻或日龄小的猪，体内脂肪储备不够、骨骼不够强壮，内脏器官发育未完全成熟，发情期排卵数量少，此时配种容易出现产仔数少、难产率高、哺乳性能差、头胎断奶后不易发情等情况，最终影响母猪的终生产仔数和使用寿命。一般后备母猪在210～230日龄且体重130～135kg配种为宜。

③后备母猪诱情操作不到位。母猪越早出现首次发情，越有利于提高母猪的终生繁殖力，因此对后备母猪采用成年公猪诱情法是必须且重要的。正确的做法是，待后备母猪150日龄后，使其每天与公猪直接接触10min以上，保证后备母猪在第三次或第四次发情时再进行配种。

④初产与经产妊娠母猪的饲喂量相同。头胎母猪在体格上还没有完全发育成熟，除了满足其繁殖所需外，还需要满足其生长所需，因此饲喂量应比经产母猪相对多一点。如果饲喂量不足，容易造成母猪体弱，分娩无力，仔猪瘦小，泌乳量不足，产后不发情等问题，初产母猪妊娠期的饲喂要“抓两头，放中间”。即妊娠3周时要严格控制日饲喂量，妊娠中期，根据膘情（P2点背膘控制在18mm）调整饲喂量，一般为2.5～3.5kg/d，原则上要比经产母猪多；妊娠后期，为了防止发生难产，要适当限饲，将P2点背膘厚度控制在20mm以内。

⑤后备猪没有进行适应性驯化：只对引入的猪（后备猪）进行了2～4周隔离操作，而没有做适应性驯化，造成初产母猪死胎率偏高，导致引入的猪（后备猪）与猪群合群时，猪场出现生产指标的异常波动。建议不管是从外引入的种猪或者自留的后备种猪，均要与猪场里的微生物进行适应性驯化（表6）。

表 6　后备母猪饲养管理操作

序号	错误操作	后果	正确操作
1	给后备母猪饲喂育肥猪料或妊娠母猪料	营养不平衡，激素分泌失衡，将会影响输卵管的正常功能，最终导致繁殖障碍，缩短母猪的使用年限	饲喂专门的后备母猪料并让其自由采食，至 100kg 体重后进行限饲，配种前短期优饲，初配时 P2 点背膘在 16～18mm
2	后备母猪配种时不考虑体重和日龄	配种后容易出现产仔数少、难产率高、哺乳性能差、头胎断奶后不易发情，最终影响母猪的终生产仔数和使用寿命	后备母猪在 210～230 日龄且体重 130～135kg 时配种
3	后备母猪诱情操作不到位	母猪越早出现首次发情，越有利于提高母猪的终生繁殖力	后备母猪 150 日龄后，每天与公猪直接接触 10min 以上，保证后备母猪在第三次或第四次发情时再进行配种
4	初产与经产妊娠母猪的饲喂量相同	如果饲喂量不足，容易造成母猪体弱，分娩无力，仔猪瘦小，泌乳量不足，产后不发情等问题	初产母猪妊娠期的喂料要“抓两头，放中间”。原则上要比经产母猪多
5	引入后备猪未进行适应性驯化	造成初产母猪死胎率偏高，后备猪与猪群合群时，猪场出现生产指标的异常波动	不管是从外引入的种猪，还是自留的后备种猪，为适应场里的微生物，均要进行适应性操作

127. 哪些因素会引起母猪断奶后不发情？

引起母猪断奶后不发情的常见原因如下（图 97）。

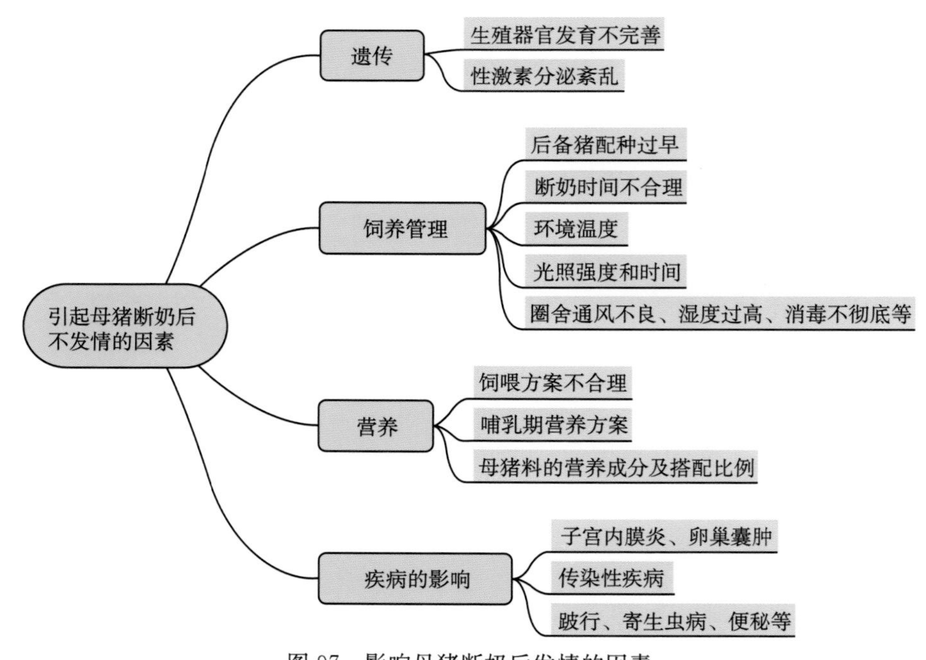

图 97　影响母猪断奶后发情的因素

（1）遗传的因素

不同品种的母猪繁殖性能表现有差异，有些母猪由于遗传因素的影响，出现生殖器官发育不完善、性激素分泌紊乱等，造成母猪断奶后不发情。

（2）营养方面

母猪饲料供应不合理也是影响母猪发情的一个重要因素。如果母猪在哺乳期营养物质摄入不足，而母猪又要哺乳众多仔猪，这就致使母猪不得不动用体脂来满足仔猪对乳汁的需求，最终会导致母猪体脂损失严重，进而消瘦，影响母猪发情；如果断奶时母猪过于肥胖，会造成母猪不能正常发情配种。母猪饲料的营养成分及搭配比例也会影响母猪的发情，如果饲料中缺乏与母猪繁殖有关的营养物质（维生素A、维生素E、叶酸、生物素等），也会导致母猪发情延迟或者不发情。

（3）饲养管理

配种过早不仅会减少母猪产仔数量、质量，降低仔猪初生重、断奶重和成活率，而且会严重影响母猪产仔后的生长发育，在哺乳期间很容易出现哺乳能力差，甚至断奶、发情推迟或者不发情的现象，给养殖场造成损失。断奶过早，母猪的子宫还没有恢复至正常状态，这会影响前列腺素的产生，进而使黄体不能被完全溶解，导致母猪不发情；断奶过晚，很有可能造成母猪失重过多，影响正常发情。环境温度方面，母猪最适环境温度在18～24℃，温度过高会影响母猪的采食量及排卵数。光照方面，母猪生存环境缺少阳光或每天阳光照射超过12h，都会对母猪的发情产生负面影响。圈舍通风不良、湿度过高、消毒不彻底等，也会影响母猪的发情。

（4）疾病的影响

常见的引起母猪不发情的疾病有子宫内膜炎（重要原因）、卵巢囊肿、传染性疾病（猪伪狂犬病、猪圆环病毒病、猪瘟、猪细小病毒病、布鲁氏菌病等）、跛行（软骨病、关节炎等）、寄生虫病、便秘等，这些疾病均可以引起母猪不发情或者发情推迟。

128. 如何提高断奶后乏情母猪的发情率？

①提供舒适、良好的生存环境，母猪舍的温度、湿度、通风、光照等各个方面都与母猪的发情息息相关。夏季应该做好母猪的防暑降温工作，可采用通风、喷雾、水帘等方式对猪舍进行降温，为母猪营造一个适宜的生存温度。冬季注意保暖，尽量避免母猪出现冷应激。做好通风工作，保证猪舍内的氨气、硫化氢等气体含量在合理的范围内，以免造成母猪生理活动异常。保证母猪接触光照的时间合理，在母猪哺乳到断奶发情这一段时间，控制猪舍明暗时间比例为2∶1，光照强度控制在3～6W/m^2。定期对猪舍进行消毒，尤其在母猪配种和接产时，做好器具及接生人员双手和手臂的消毒，以防因为消毒不当使母猪产生炎症，影响发情。

②科学合理的饲养管理。在母猪的饲养过程中，合理的饲养不仅包括为母猪提供可以保证其正常生长和产乳的营养，还包括避免母猪摄入过多或过少的营养，因为母猪过肥或过瘦均会对母猪的发情产生负面影响。在母猪的饲养上，可根据背膘厚度合理调整饲喂量，对偏瘦的母猪可适当增加饲喂量，对偏胖的母猪可适当减少饲喂量。同时，饲料的营养成分应该全面，特别是维生素A、维生素E、维生素C、锰、硒等营养物质的添加量，切记不可给母猪饲喂发霉变质的饲料。做好仔猪的断奶工作，避免哺乳母猪失重过多。后备母猪初配工作，在后备母猪性器官和身体机能均发育完善时方可进行配种，一般在母猪发情3次以后进行配种。做好猪蓝耳病、猪细小病毒病、猪瘟等能引起母猪繁殖障碍疾病的免疫工作。

③公猪刺激：母猪与种公猪圈养在一起，利用公猪来刺激母猪发情。

④合群并圈：将不发情的母猪与情欲旺盛的母猪圈养在一起，通过发情母猪来刺激不发情母猪发情排卵。

⑤按摩刺激：可通过饲养人员按摩乳房来促进母猪发情，每天3次，每次保证在5min以上，连续按摩1周。

⑥激素处理：使用孕马血清促性腺激素及绒毛膜促性腺激素注射处理不发情的母猪。

⑦及时治疗患有疾病的母猪（图98）。

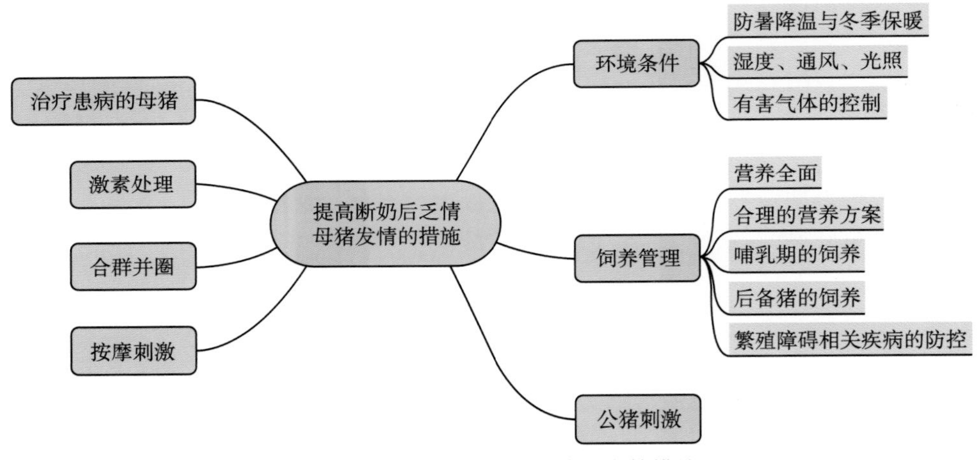

图98　提高断奶后乏情母猪的发情措施

129. 如何对母猪进行发情鉴定？

发情鉴定在母猪喂料后半小时表现安静时进行，每天上、下午都要做1次发情鉴定。发情鉴定采用人工查情与公猪试情相结合的方法：引导公猪与待查情的母猪口鼻接触，仔细观察母猪的外阴、分泌物、行为及其他方面的表现和变化。母猪的发情表现有，阴门红肿，阴道内有黏液性分泌物；在圈内来回走动，频频排尿；神经质，食欲差；压背静立不动；互相爬跨，接受公猪爬跨。也有发情不明显的，对此类母猪最有效的发情检查方法是，每日用试情公猪对待配母猪进行试情（图99）。

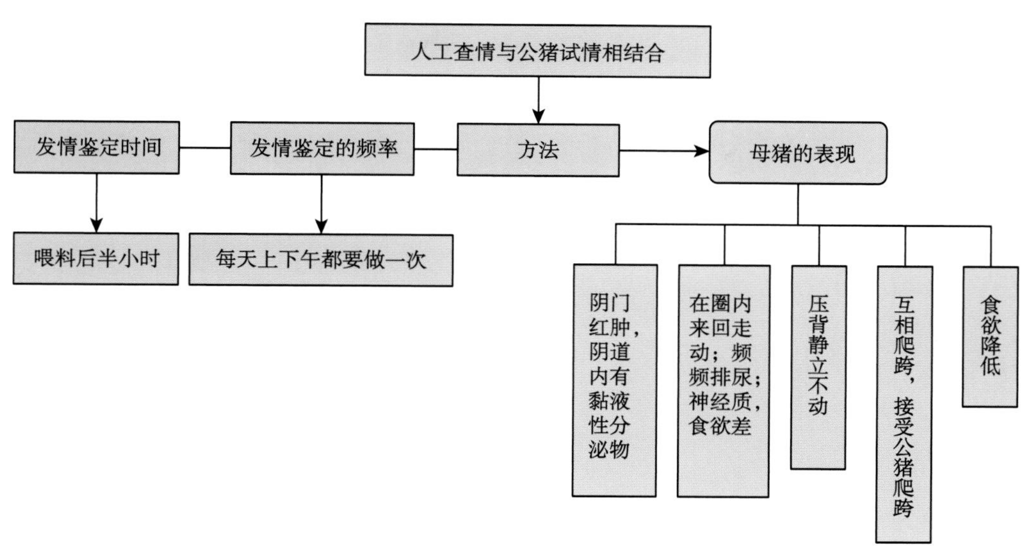

图 99　母猪的发情鉴定

130. 母猪发情鉴定过程中有哪些注意事项?

发情鉴定的时间一般在饲喂后 30min，每天要进行 2 次发情检查；母猪发情鉴定过程应该根据母猪的行为变化，结合黏液判断法、试情法和压背法来进行系统的发情鉴定，而不是单一的采用某一种方法判定；对母猪的发情鉴定要连续观察，一方面是为了防止漏掉发情母猪，另一方面是可以掌握母猪发情过程，以便确定最佳配种时机，试情公猪要选择性情温驯、性欲旺盛的公猪，驱赶其慢慢在走道上走动（图 100）。

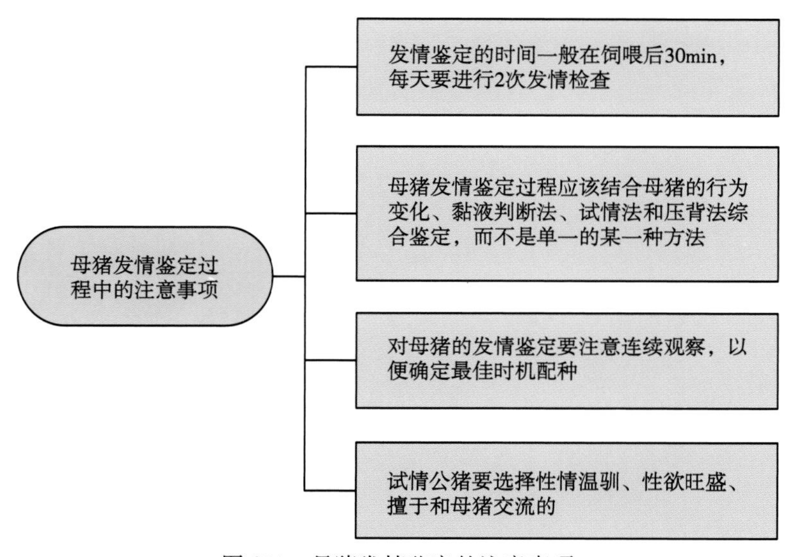

图 100　母猪发情鉴定的注意事项

131. 自然发情母猪排卵的规律是什么?

排卵时间：同发情（以接受公猪爬跨为判定标准）出现的时间存在密切联系。排卵多发生在发情的第二天。从发情开始出现算起，一般为38～42h；排卵持续时间为6～20h。还同母猪断奶时间与发情时间间隔有一定的关系，断奶与发情间隔越短，发情持续时间就长，排卵时间也越晚。

排卵数：一般母猪一次发情排卵的数量为10～25枚，猪排卵数受几个因素的影响。一是品种，国外品种的排卵数多为10多枚。我国的多数地方品种，排卵数一般较高，在20枚左右，某些高繁殖力品种，如太湖猪可排卵30多枚，有的甚至在40枚以上，杂种后代的排卵数一般超过亲代品种。二是胎次，初情期排卵数较低，第二、第三个情期逐渐增高，成年时达到最高排卵数。三是饲养水平，低饲养水平使排卵数降低，在预计排卵至少7d以前，提高饲养水平，可多排卵约2枚（图101）。

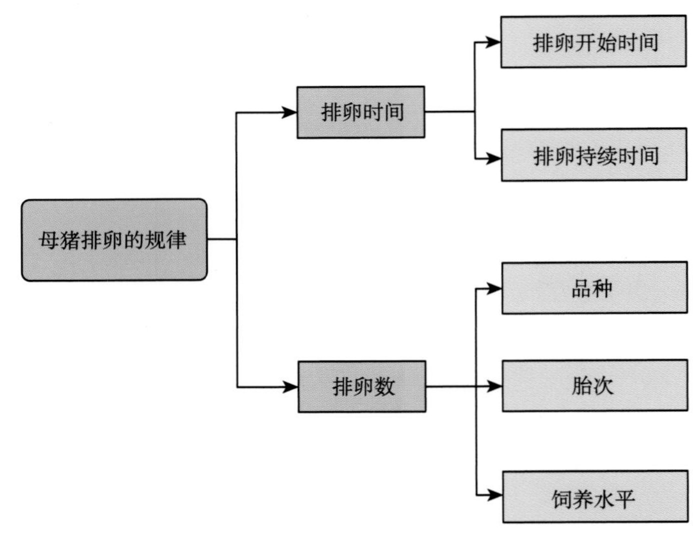

图101　母猪排卵的规律

132. 制订怎样的配种方案才能够获得较好的繁殖成绩?

配种方案主要根据断奶到发情时间的长短来制订，站立反应晚的母猪发情期较短，一般最多持续2d，最佳输精时间：第一次，检测后马上输精；第二次，如果母猪用公猪试情有站立反应，12h后再输1次。站立反应正常的母猪断奶后4～7d进入发情期，发情约持续2.5d。适宜的输精时间：第一次在开始发情后的12～24h；第二次在第一次输精后12h。站立反应早的发情母猪发情期较长，通常断奶后3d开始出现发情症状，持续期可在3d以上，适宜输精的时间：第一次在发情站立反应后的24～36h；第二次在第一次输精后12～16h；第三次在第二次输精后12～16h（如仍在发情）（图102）。

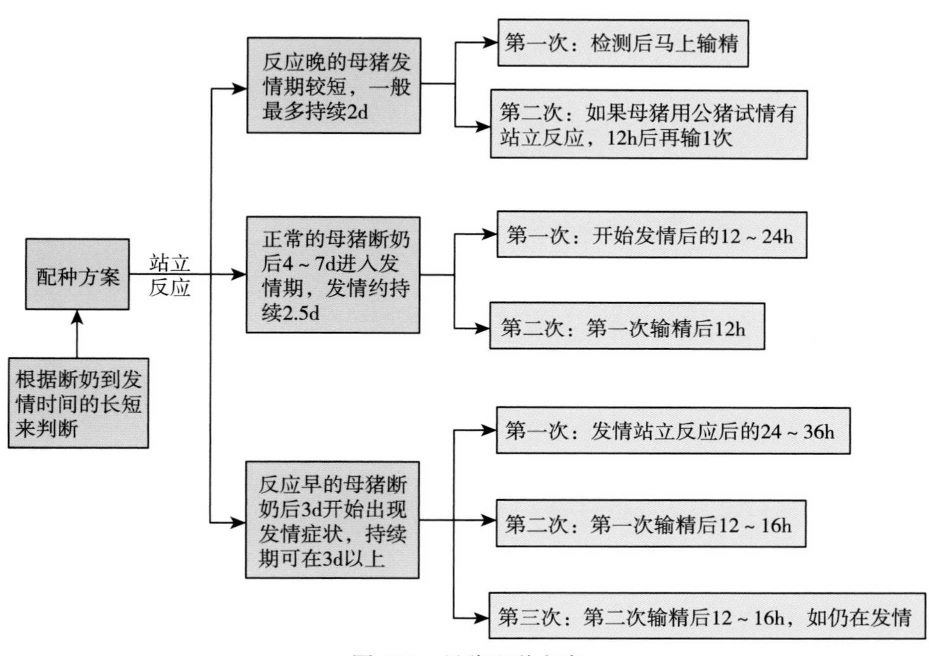

图 102　母猪配种方案

133. 影响断奶至配种间隔天数的因素有哪些?

①哺乳期的天数：缩短哺乳期会延长断奶至配种的间隔天数（图 103）。

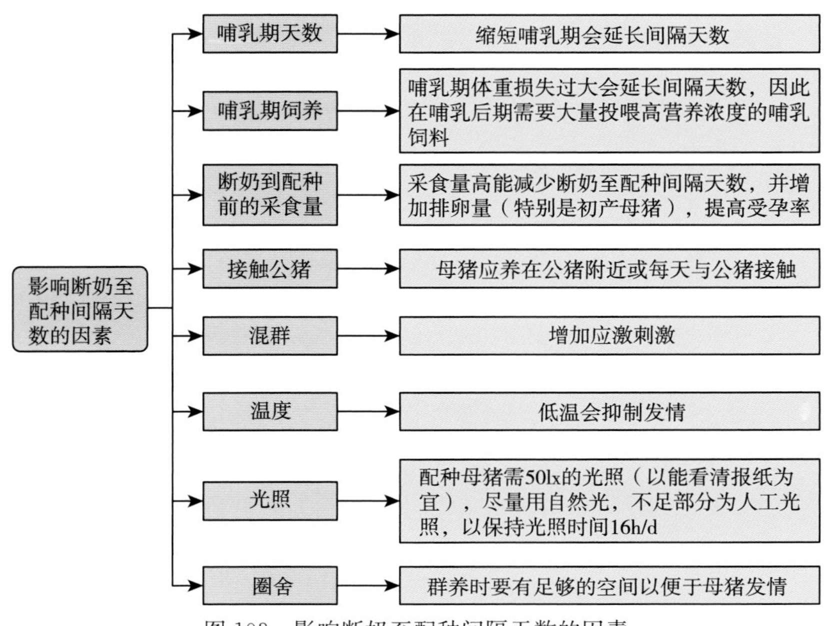

图 103　影响断奶至配种间隔天数的因素

②哺乳期饲养：哺乳期体重损失过大会延长断奶至配种间隔天数，因此母猪在哺乳后期需要大量采食高营养浓度的哺乳饲料。

③断奶到配种前的采食量：采食量高能减少断奶至配种间隔天数，并增加排卵量（特别是初产母猪），提高受孕率。

④接触公猪：母猪应养在公猪附近或每天与公猪接触。

⑤混群：增加应激刺激，但可能会造成一些损伤。

⑥圈舍：群养时要有足够的空间，以便母猪发情。

⑦温度：当日采食消化能32.5MJ时，在水泥漏缝猪栏内，母猪的最低临界温度为20℃，在有稻草的群养圈为15℃，低温会抑制发情。

⑧光照：实际上，配种母猪需50lx的光照（以能看清报纸为宜），尽量用自然光，不足部分为人工光照，以保持光照时间16h/d。

134. 不同的配种方式有什么区别？

猪的常见配种方式有以下几种：

①自然交配：将公猪和母猪按一定的比例混合饲养，自由交配繁殖，这种方式为放养的模式下采用。

②公猪直接本交：母猪发情后赶到公猪圈或配种栏去让公猪直接交配配种。

③人工授精：将精液收集后，检测质量，稀释处理后，人工辅助将精液输入发情母猪体内的方式，人工授精常用的有子宫颈的常规输精和深部输精。本交和人工输精各自特点见表7。

表7　本交与人工授精的特点

项目	本交	人工授精	
		常规输精（子宫颈）	深部输精
每次（剂）精液量/mL	250～400	70～80	40～50
每次（剂）有效精子数/亿个	600～800	20～30	10～15
精液输入位置	子宫颈内（有精胶堵塞）	子宫颈（比本交更靠外）	子宫体内
输精所用时间/min	5～10	3～5	0.5～1
公母比例	1∶（25～30）	1∶（150～300）	1∶（300～600）

135. 如何对母猪进行常规输精操作？

①输精前必须检查精子活力，低于0.65的精液坚决废弃。

②准备好输精栏、清水、抹布、精液、剪刀、针头、卫生纸巾（一次性卫生纸巾）。

③根据母猪后躯的清洁状况选择清水冲洗、卫生纸巾等方式清洁母猪外阴周围、尾根，抹干外阴。

④将试情公猪赶至待配母猪栏前（注：发情鉴定后，公、母猪不再见面，直至输精，

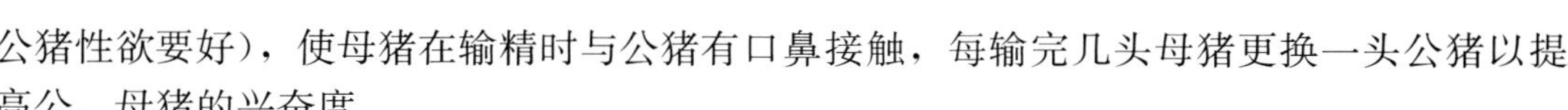

公猪性欲要好），使母猪在输精时与公猪有口鼻接触，每输完几头母猪更换一头公猪以提高公、母猪的兴奋度。

⑤从密封袋中取出无污染的一次性输精管（手不准触其前 2/3 部），在前端涂上对精子无毒的润滑油。

⑥将输精管斜向上插入母猪的生殖道内，当感觉到有阻力时稍用一点力，直到感觉其前端被子宫颈锁定为止（轻轻回拉不动）。

⑦从保存箱中取出精液，确认标签正确。

⑧小心混匀精液（上下颠倒数次），剪去瓶嘴，将精液瓶接上输精管，开始输精。

⑨轻压输精瓶，确认精液能流出，2min 后，用针头在瓶底扎一小孔，按摩母猪乳房、外阴或压背，使子宫产生负压将精液吸纳，绝不允许将精液挤入母猪的生殖道内。

⑩边输精边按摩母猪，输精时要尽快找到母猪的兴奋点，如阴户、肋部、乳房等。

⑪通过调节输精瓶的高低来控制输精时间，一般 3～5min 输完，确保不要低于 3min，防止吸入过快，导致倒流过快，输完精后继续对母猪按摩 1min 以上。

⑫输精后，为防止空气进入母猪生殖道，将输精管后端折起塞入输精瓶中，输精后 1～1.5h，拉出输精管。

⑬输完一头母猪后，立即登记配种记录，如实评分。

⑭高温季节宜在上午 8 时前，下午 5 时后进行配种，最好在饲前空腹配种。

⑮母猪中新手较多或配种成绩较差时，第一次输精前 3～5min，在母猪颈部肌注一次催产素（20IU）（图 104）。

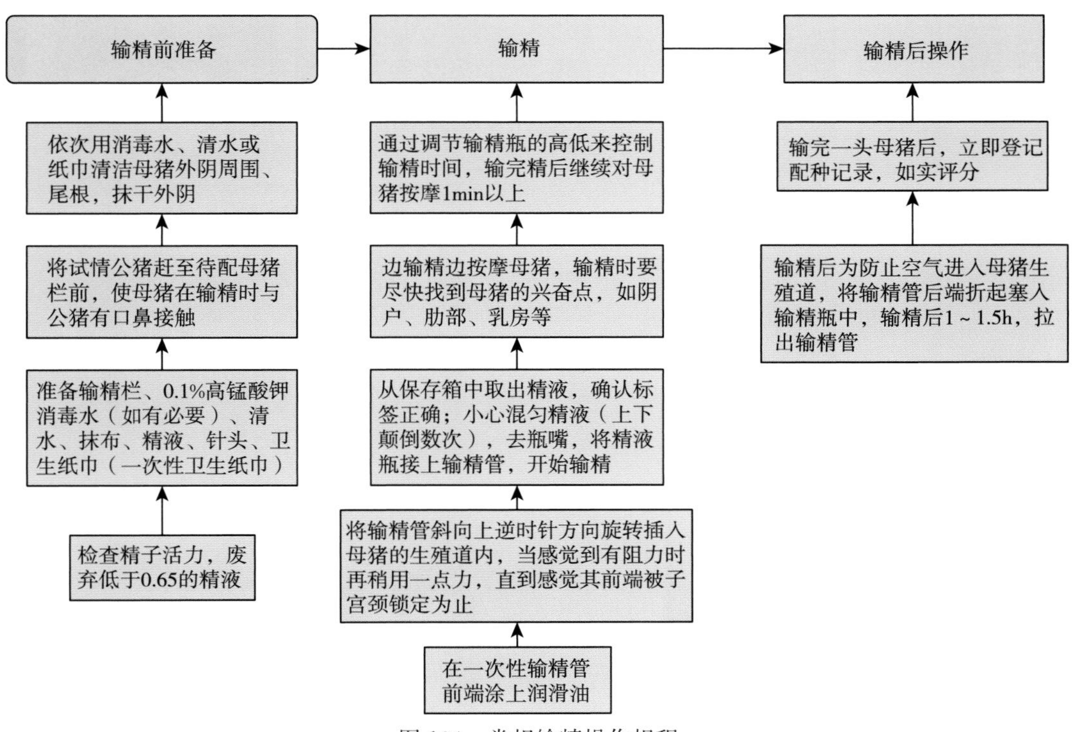

图 104　常规输精操作规程

136. 人工输精过程中有哪些注意事项？

①精液从 17℃冰箱取出后不需升温，直接用于输精。

②输精管的选择：经产母猪用海绵头输精管，后备母猪用尖头输精管，输精前需检查海绵头是否松动（不允许直接用手检查）。

③输精过程中尽量模拟公猪配种动作，刺激母猪排卵。

④在输精过程中出现母猪排尿情况时，将输精管放低，将里面的尿液引出，用清洁的纸巾将输精管瓶至阴门的一段输精管擦拭干净，继续输精。母猪排粪后，不准再向生殖道内推进输精管，以免粪便进入生殖道引发感染。

⑤个别猪输完精后 24h 内仍出现稳定发情，可加一次人工授精。

⑥配种员的影响：配种员的心态是影响输精效果的关键。应该专注于每头猪的发情动向和发情变化；在输精时要有一个平和的心态，要有耐心和信心，不能急躁。每天的输精量合理，每人半天工作量不得超过 15 头母猪（图 105）。

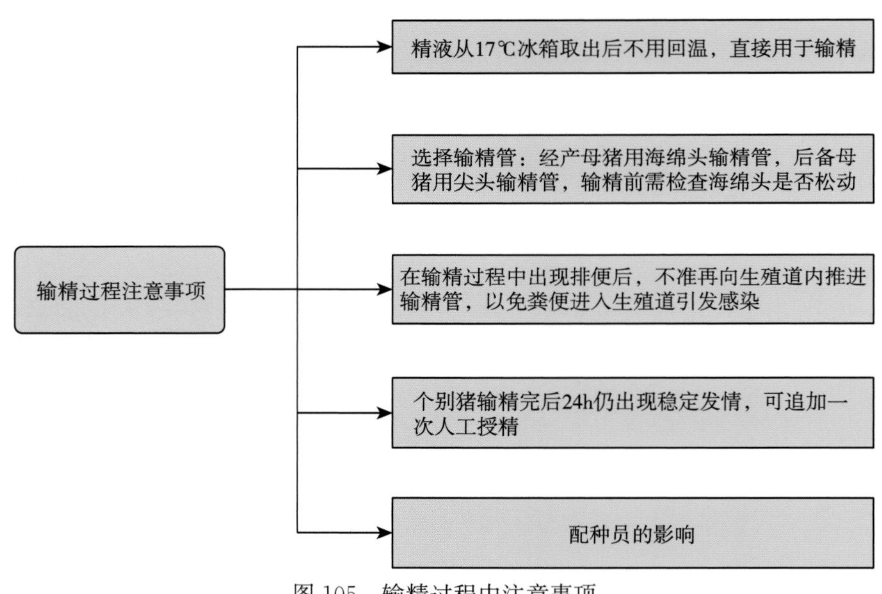

图 105 输精过程中注意事项

137. 什么是母猪深部输精技术？

母猪的深部输精法是在常规输精法的基础上发展起来的，已有了较大的技术突破，近几年，在养猪业发达的国家得到逐步推广及广泛应用。深部输精法直接将更少量的精子输到母猪的子宫体、子宫角或输卵管内，保证母猪的正常受胎率。深部输精法主要有 3 种类型：子宫体（子宫颈后）输精法（intrauterine insemination，IUI，或 post-cervical-insemination，PCI）、子宫角输精法（deep intrauterine insemination，DUI）和输卵管输精法

(intra-ovi ductal insemination，IOI)，其中 IUI 是目前在生产中推广最多的方法。IUI 每次的输精量一般为 40mL，要求含有 10 亿～15 亿个精子，即可获得理想的受胎率和窝产仔数（图 106)。

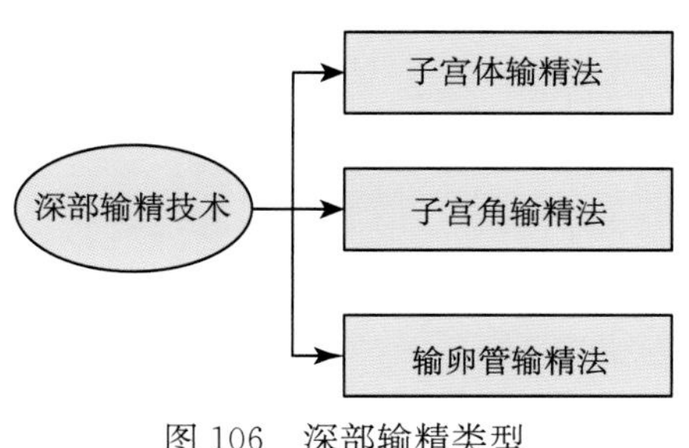

图 106　深部输精类型

138. 如何对母猪实施子宫颈后输精?

①精液质量检测：输精前必须检查精子活力，低于 0.6 的精液坚决废弃（图 107)。

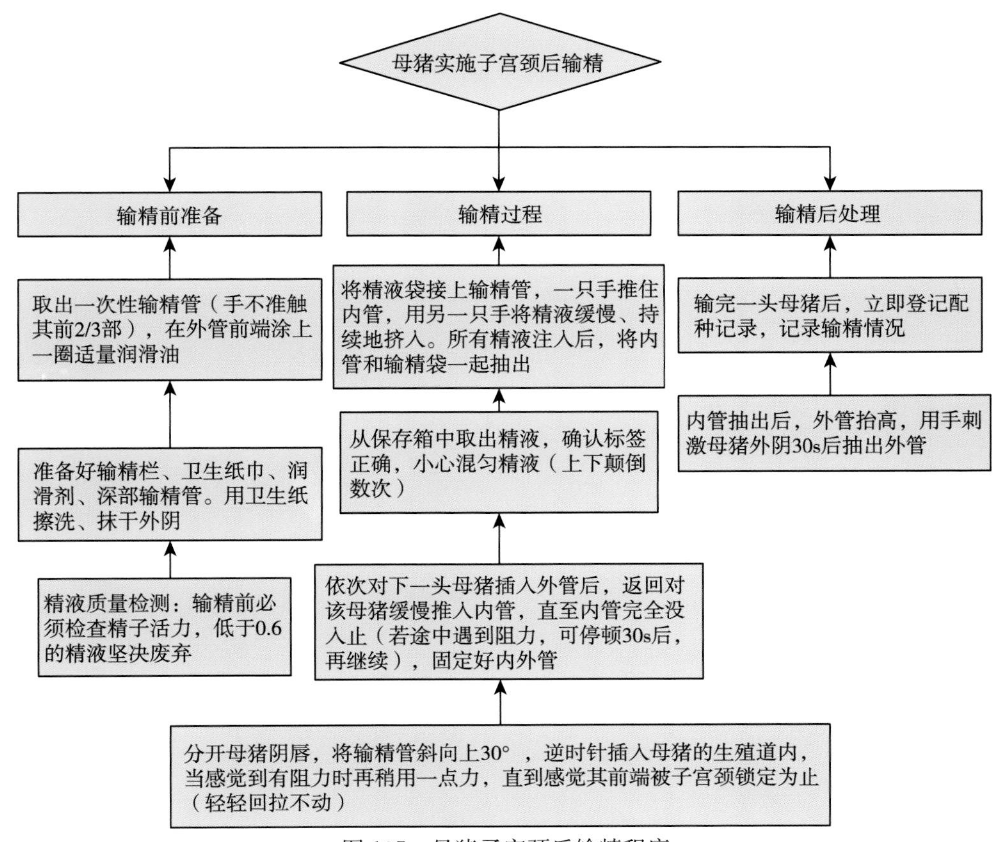

图 107　母猪子宫颈后输精程序

②准备好输精栏、卫生纸巾，润滑剂、深部输精管。

③确保输精操作必须在与公猪接触后30min进行，用卫生纸擦洗、抹干外阴。

④取出一次性输精管（手不准触其前2/3部），在外管前端涂上一圈适量的润滑油。

⑤将母猪阴唇分开，将输精管斜向上30°，逆时针插入母猪的生殖道内，当感觉到有阻力时再稍用一点力，直到感觉其前端被子宫颈锁定为止（轻轻回拉不动）。

⑥依次对下一头母猪插入外管后，再返回对该母猪缓慢推入内管，直至内管完全没入为止（若途中遇到阻力，可停顿30s后，再继续），固定好内外管。

⑦从保存箱中取出精液，确认标签正确，小心混匀精液（上下颠倒数次）。

⑧将精液袋接上输精管，一只手推住内管，用另一只手将精液缓慢、持续地挤入。

⑨所有精液注入后，将内管和输精袋一起抽出。

⑩内管抽出后，外管抬高，用手刺激母猪外阴30s后抽出外管。

⑪输完一头母猪后，立即登记配种记录，记录输精情况。

⑫母猪输精完成后，再用诱情公猪结合人工刺激对母猪进行刺激，促进母猪排卵。

139. 母猪子宫颈后输精操作过程中有哪些注意事项？

①后备母猪和初产母猪一般不建议使用深部输精法。

②插入内管时，可以适当按压母猪背腰部、抚摸腹部，让母猪放松，更利于顺利插入内管，切记不能强行插入，以免内管在子宫内折叠，损伤母猪子宫，无法输精。

③输精过程不宜过快，正常情况下需要2min左右，尽量将输精管内残留的精液全部输入母猪体内。

④输精结束后，拔出输精管时要观察输精管头的颜色，注意是否有出血或其他异常情况。

⑤为减少内管对生殖道的损伤，输精前30min内母猪不能接触公猪（图108）。

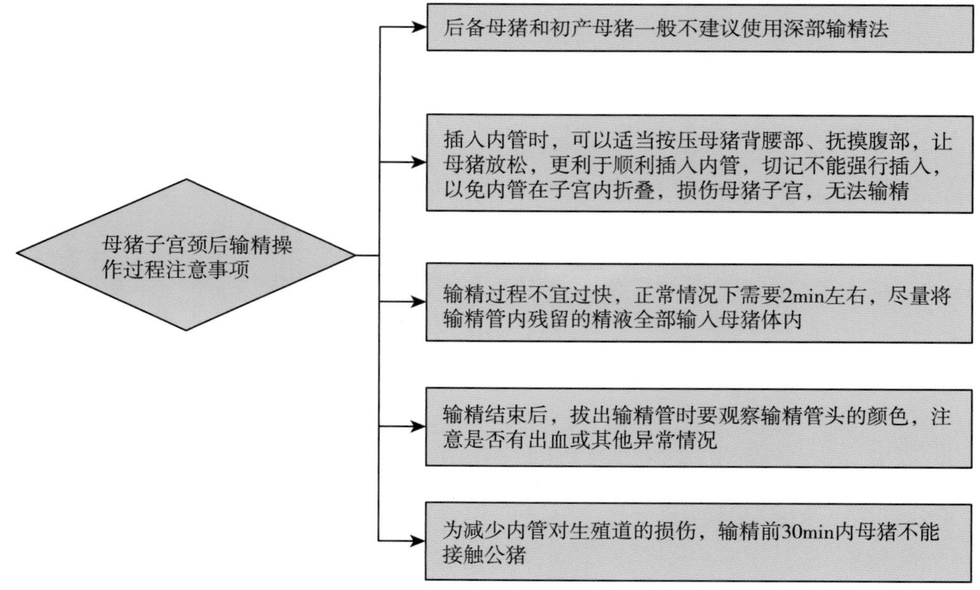

图108　母猪子宫颈后输精注意事项

140. 母猪子宫颈后输精与常规输精相比有什么优势?

母猪子宫颈后输精与常规输精相比，有以下 3 点优势：

①子宫颈后输精能将精液输入到母猪子宫更深的部位，一般不用担心精液倒流，可提高输精效率。

②子宫颈后输精可以将输精剂量减少一半左右，能提高公、母猪配比率，能更好地提高优秀种公猪的利用率，减少公猪的饲喂数量，提高经济效益。

③子宫颈后输精能更好地结合猪的冷冻精液和性控精液，推动新技术的研究应用（图 109）。

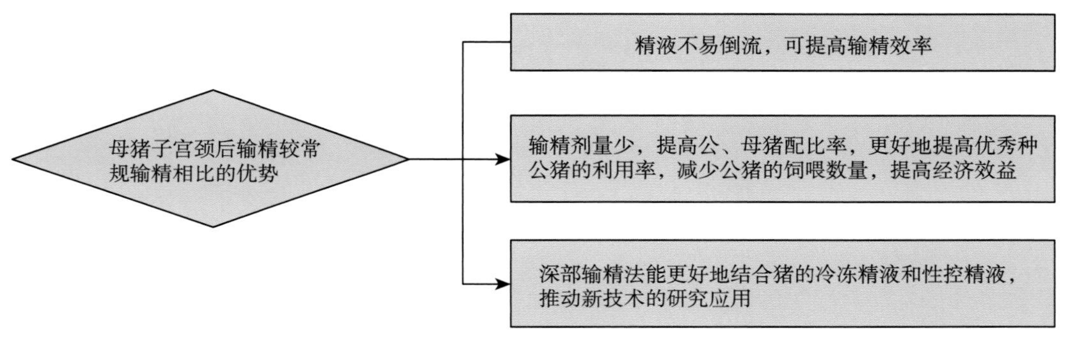

图 109　子宫颈后输精的优点

141. 目前，猪场主要的早期妊娠诊断技术有哪些?

准确及时的妊娠诊断是降低猪群非生产天数，提高繁殖率和经济效益的重要技术措施之一。目前常用的妊娠诊断方法主要有，公猪诱情法、外部观察母猪返情法、激素测定、超声波诊断［A 型超声波诊断（A 超）和 B 型超声波诊断（B 超）］和直肠检查等方法（图 110）。

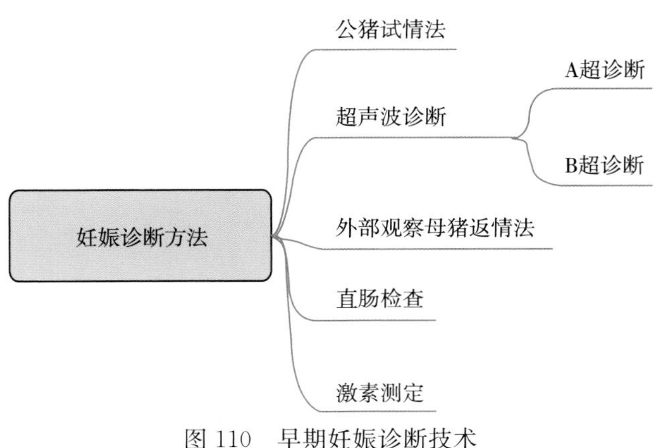

图 110　早期妊娠诊断技术

142. 如何通过母猪返情法进行妊娠诊断？

母猪配种后15～24d，在妊娠检查前对早期妊娠失败的母猪，再次配种或直接淘汰，一般选在上午进行，驱赶公猪检查配种母猪是否返情，观察母猪行为、外阴变化，如果连续1～2个发情周期不发情，则可能已妊娠。操作程序：①找到需要检查的母猪栏位；②赶公猪，母猪查情前需要使用公猪车将查情公猪赶至母猪前，让公猪与母猪近距离接触；③看母猪，公猪与母猪近距离接触后，整体观察母猪反应。已发情母猪表现为极度兴奋，狂躁不安，频频排尿，有的会直接出现静立反应（耳朵竖立、站立不动等）；④外阴检查，返情母猪出现外阴红肿并有少量黏液；⑤母猪按摩，从腹部到背部逐步刺激母猪，直到母猪接受按摩；⑥压背：发情母猪出现静立反应，站立不动接受压背；⑦标记，根据不同猪表现进行不同标记，方便进一步按流程处理。这种方法对发情周期比较规律的母猪，有一定的实用性，其准确率一般可超过80%（图111）。

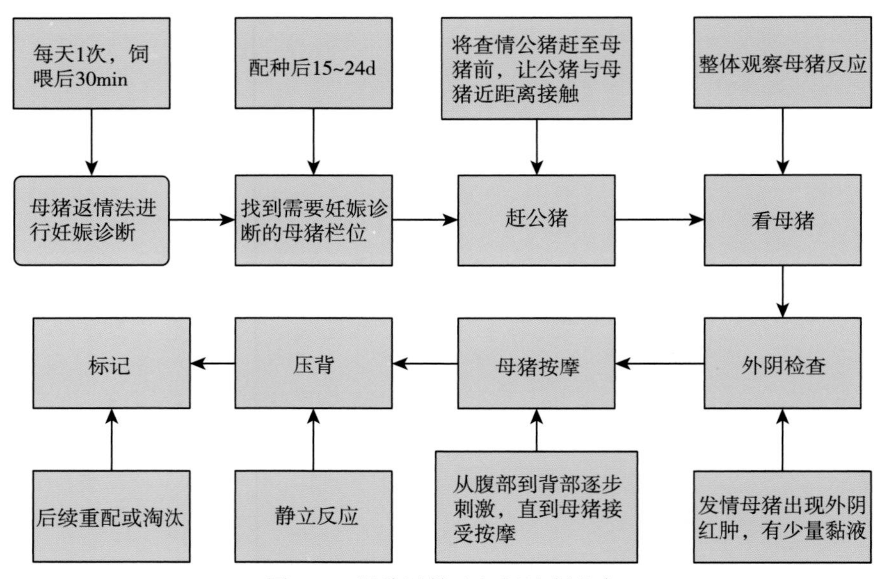

图111 母猪返情法妊娠诊断程序

143. 如何使用激素诊断法对母猪进行妊娠诊断？

母猪妊娠时因有妊娠黄体存在，血液中孕激素维持高水平，对少量外源雌激素不发生反应；未妊娠的猪可引起发情的表现，在母猪配种后16～18d注射人工合成雌性激素制剂，注射剂量为2～5mL，耳根部皮下注射，妊娠者无反应，未孕者将在2～3d内表现发情。这种方法的准确率在90%以上。使用激素时应注意，不要乱用，以免引起母猪体内激素分泌紊乱，引发生殖系统疾病，所以非专业人员禁止使用。另外，也可通过测定血液中或尿中的激素水平来进行早期妊娠诊断（图112）。

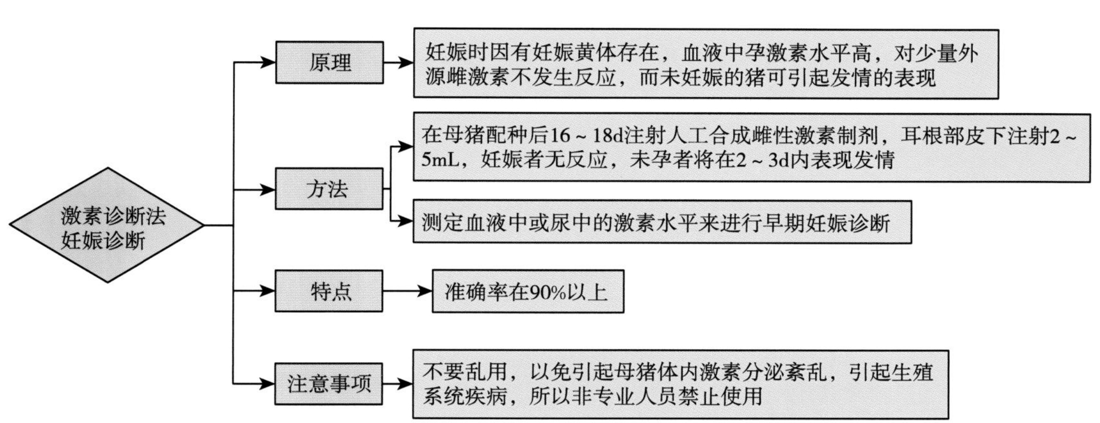

图 112　激素妊娠诊断法

144. 如何使用 B 超对母猪进行妊娠检查？

（1）检测前设备准备

准备 B 超仪、耦合剂，检查 B 超仪电力是否足够，可否正常工作。

（2）母猪准备

准备待检母猪的栏位等信息清单，找到相应的区域，纠正待测母猪姿势，使其保持侧卧或安静站立，将姿势不正的母猪赶起来，使其站立。

（3）检测时间

母猪配种后 25～30d 是 B 超诊断的最佳时间，生产中常在配种后 28d 和 35d 分别进行 2 次妊娠检查。

（4）探查部位

母猪的妊娠诊断通常采用体表探查，将 B 超探头紧贴母猪腹壁，在母猪后腹部向前 5cm，乳腺向上 2.5cm（倒数 2～3 对乳头处）斜向上 45°，随妊娠时间的增加，探查部位逐渐前移，最后到达肋骨后端。猪被毛稀少，探查时不必剪毛，但要保持探查部位的清洁。

（5）探查方法

探查时，探头紧贴腹壁，在腹壁局部或探头上涂布耦合剂，动作要慢，切勿在皮肤上滑动探头快速扫查。妊娠早期探查，探头朝向耻骨前缘，骨盆腔入口方向，或呈 45°斜向对侧，进行前后和上下的定点扇形扫查。有时需将探头贴于腹壁向内紧压，以便挤开肠管更接近子宫，提高检测率，因为在妊娠 30d 以前，子宫通常还没有下垂到能接触腹壁的程度。

（6）判断方法

不同状态、不同妊娠阶段的B超图像不同，怀孕21～35d时可以观察到羊水。羊水图像呈蜂窝状，黑圈越来越大，羊水越来越少，猪的胎儿在30～35d时像黑皮球浮在空中一般。在实际操作中，同时能够探测到2个或2个以上的孕囊影像（黑洞），才能确定妊娠。否则，只能作可疑认定。妊娠39d后，胎儿骨骼反射增强，出现胎动；随后反射增强的骨骼逐步出现声像。妊娠47d后，可逐步观察到胎儿的肝、胃（呈小的圆形暗区、位于躯体中部）。这些声像图的变化，可指示胎儿早期的发育规律，并为鉴别死胎提供科学依据。妊娠中后期在下腹部可以大范围探察到胎儿，胎位各式各样，有向上、向下、平行、重叠等。妊娠85日龄胎儿脊柱清晰显示，由于结缔组织、骨骼等声阻抗差大，回声反射强，影像最白，所以此时B超影像呈现的条状白色影像，即为仔猪的脊椎和腹部。未孕母猪的子宫在配种后25～60d没有黑色圆圈，会显示规则平整的白云模样。未妊娠子宫角的壁对超声波的反射弱，其断面声像图呈各种不规则的圆形弱反射区，但要注意观察其界限，与肠管的断面相区别（图113）。

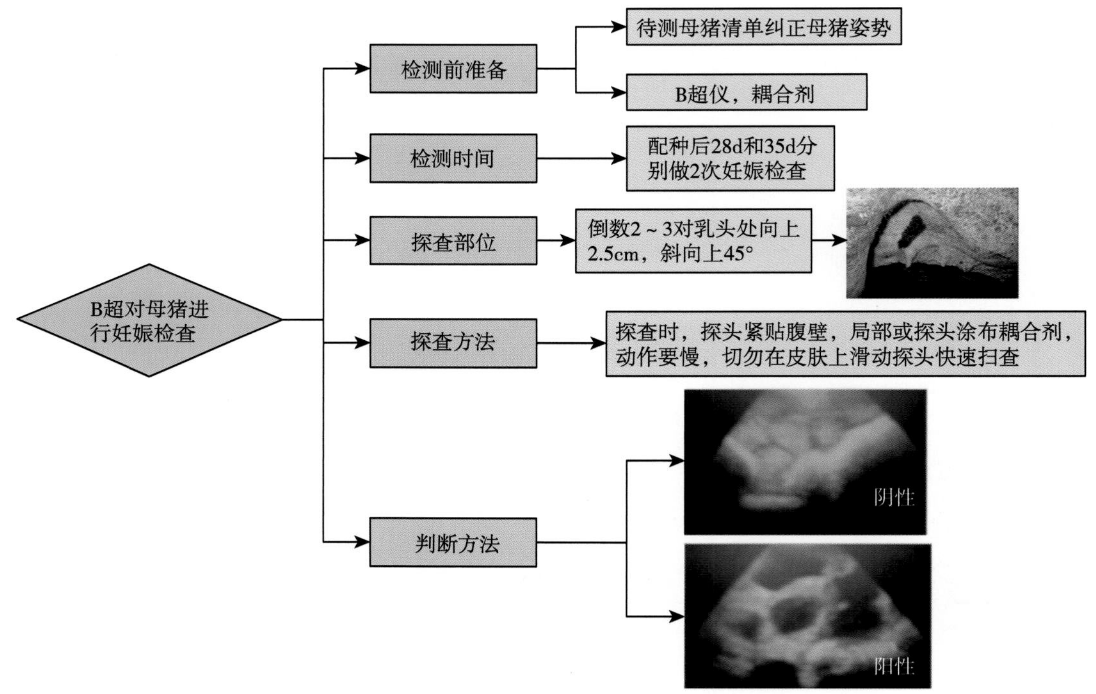

图113　B超对母猪妊娠诊断程序

145. 妊娠期母猪饲养一般分为哪几个阶段？

妊娠期母猪饲养分为3个阶段：配种后至妊娠30d，属于胚胎着床期，胚胎几乎不需要额外营养，有两个死亡高峰，饲料饲喂量相对减少，但要求质量高；30～90d 为体况调整期和乳腺发育期，90d 到分娩属于攻胎期，是胎儿体重极大化期（图 114）。

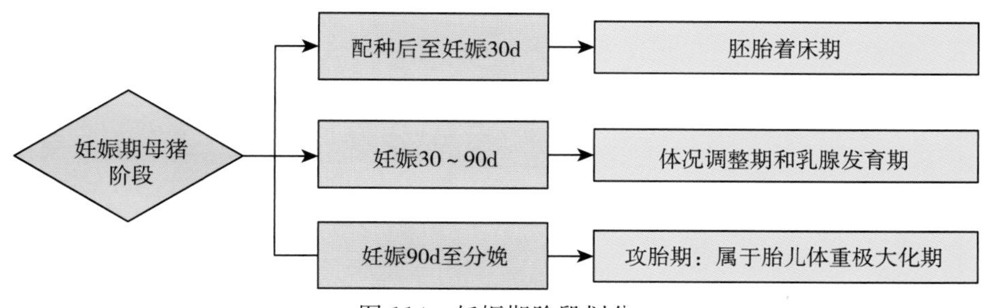

图 114　妊娠期阶段划分

146. 妊娠前期母猪饲养管理应注意哪些要点?

妊娠前期指配种后到妊娠 30d 阶段，该阶段处于胚胎着床期，有 2 个胚胎损失高峰期，胎儿发育缓慢，饲养管理过程中主要注意以下几方面：

①正确饲喂：妊娠初期胎儿营养需要低，不用特意考虑胎儿发育的额外饲料，如果过量饲喂，会导致母猪过肥，引起受精卵或胎儿的死亡，使产仔数减少，但对体况特别差的猪可增加饲喂量，使其尽快恢复体况量。

②减少胚胎损失：除了必要时的人工操作，饲养人员不要去干涉母猪的活动。人员在操作时，注意固定时间，减少母猪的应激，而且各种动作要温柔，避免发出异响声音，引起猪群骚动，避免转圈、合群等操作。

③防止流产：做好疾病的防控工作，减少疾病的感染，使用优质饲料，禁止饲喂发霉变质饲料；治疗药物的选择，禁止给怀孕母猪使用促子宫收缩的药物，如地塞米松等（图 115）。

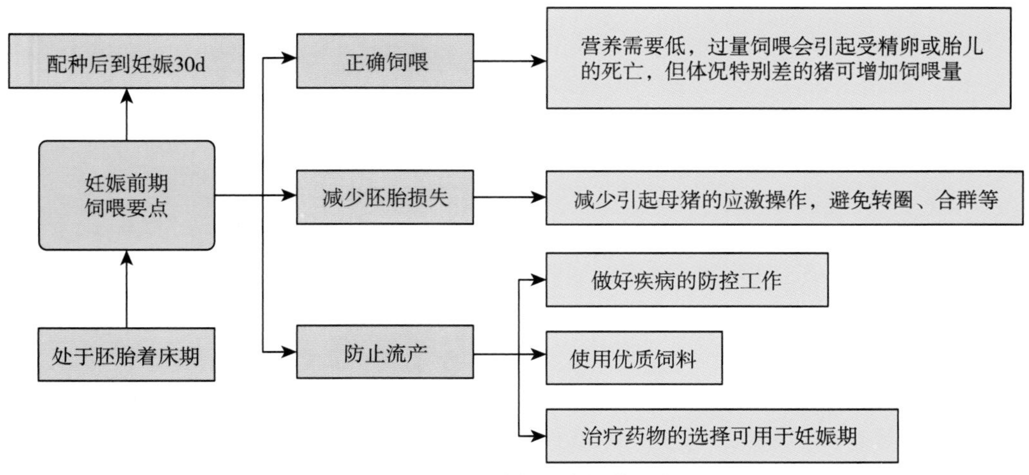

图 115　妊娠前期母猪饲养要点

147. 妊娠中期母猪饲养管理应注意哪些要点?

妊娠中期（妊娠31～90d）属于体况调整期，这一阶段是胎儿通过胎盘在母猪子宫内牢固着床生长时期，流产和死胎很少发生，所以主要工作是维持母猪合适的体况。由于怀孕早期（0～30d），提高采食量会引起早期胚胎死亡的增加，因此，给体况较差的母猪增加体脂的理想时机是妊娠中期。不管是体况过肥，还是低脂贮备，都会对以后的繁殖周期不利。在妊娠30d、60d左右分别做2次体况评分，根据体况评分调整饲喂量，使母猪妊娠90d的体况评分在3～3.5分，通过采食量控制母猪的体况（图116）。

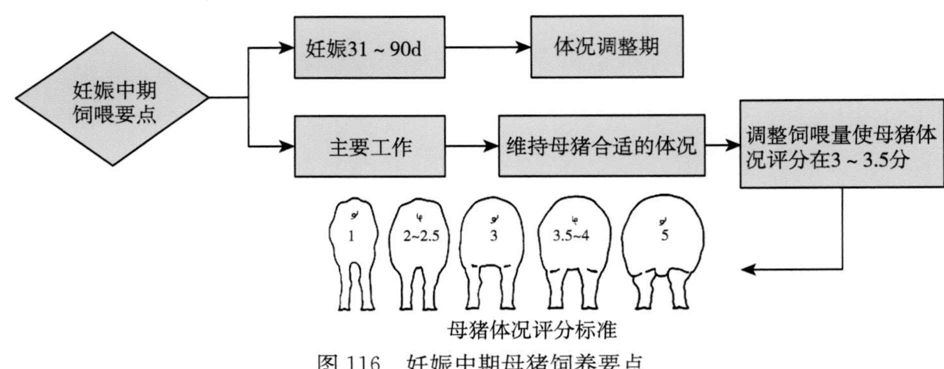

图116　妊娠中期母猪饲养要点

148. 妊娠后期母猪饲养管理应注意哪些要点?

妊娠后期指妊娠后91～110d，也叫作攻胎期。这一时期胎儿发育很快，大体到110胎龄时就完全成熟。这一时期内主要注意：合理饲喂，怀孕后期要根据母猪体况增加饲喂量，除了可以提高仔猪初生重外，还可以提高初生仔猪的活力以及初乳的质量。及时免疫，根据免疫程序，做好母猪妊娠后期的疾病防控，特别是仔猪腹泻相关疾病，提高母源抗体水平，做好驱虫，保证合理的运动，促进肠道健康，减少便秘（图117）。

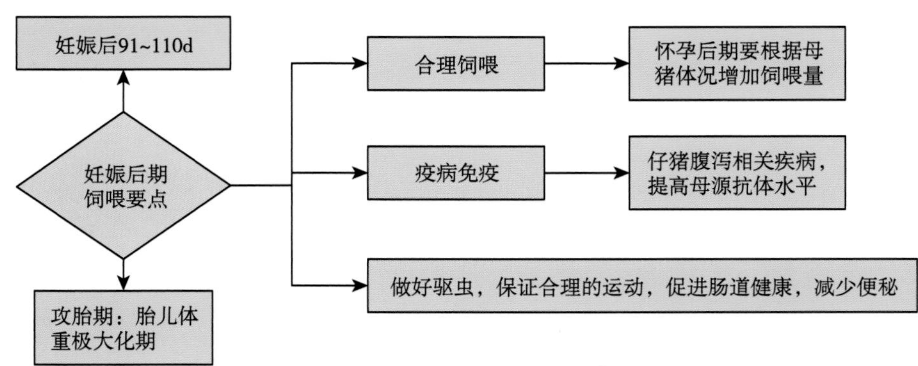

图117　妊娠后期母猪饲养要点

149. 影响母猪妊娠胚胎发育的因素有哪些？

母猪胚胎发育的好坏及成活率直接关系到养猪业的成败，而猪胚胎发育的好坏又受诸多因素的影响：

①母猪的排卵数：在同一品种内，胚胎死亡率与排卵数有关，排卵数过多，影响胚胎在子宫内的生存空间，减少了胚胎的营养供应，胚胎死亡率增高。

②母猪子宫空间：子宫大小在胚胎发育早期对胚胎存活没有影响，但在妊娠后期，随着胎儿的增长，子宫空间大小会影响胎儿的发育。

③胎儿先天性缺陷：母猪和公猪的有害基因可引起配子发生遗传缺陷，即使受精也会引起胚胎死亡。在受精时发生的基因突变，如点突变、缺失、复制、侵入、易位和多倍体等，可使合子出现遗传缺陷。这些遗传缺陷可引起少部分胚胎在卵裂期死亡，大部分胚胎在囊胚形成和原肠胚形成期死亡。

④生殖激素：正常水平的生殖激素对维持胚胎发育具有重要意义。在母猪缺乏某种激素时，适当提供外源激素可以减少胚胎死亡率。

⑤子宫感染病原：子宫感染细菌也可引起胚胎死亡。

⑥营养水平：饲料中的某些特殊营养物质，如维生素、矿物元素和氨基酸等。此外，饲料中含有的某些毒素，以及饲料生产、加工、贮存过程中，因被污染等原因产生的毒素等，都对胚胎发育有影响（图 118）。

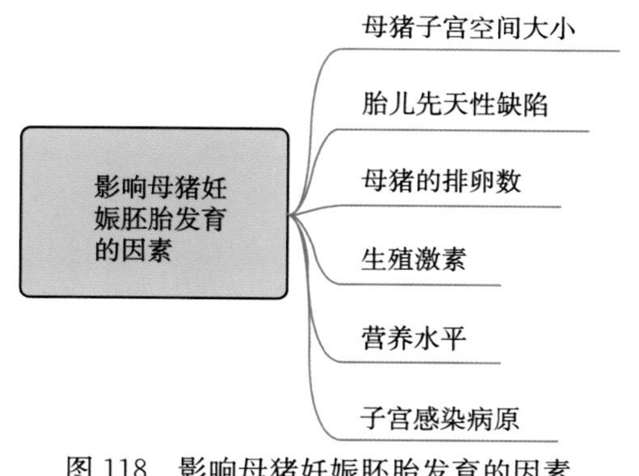

图 118　影响母猪妊娠胚胎发育的因素

150. 妊娠母猪胚胎损失主要在哪些阶段？

母猪妊娠后，有 3 个容易引起胚胎死亡的特殊时期，分别是 9～13d、18～24d、60～70d。第一个高峰期出现在 9～13d，此时，受精卵开始与子宫壁接触，准备着床，但尚未植入，如果子宫内环境受到干扰，容易引起死亡，这一阶段的死亡数占总胚胎数的 20%～25%。第二个高峰期出现在 18～24d，此时，胚胎器官形成，在争夺胚盘分泌的物质的过程中，弱者死亡，这一阶段死亡数占胚胎总数的 10%～15%。第三个高峰期出现在 60～70d，此时，胚盘停止发育，而胎儿发育加速，营养供应不足可引起胚胎死亡，这一阶段死亡数占胚胎总数的5%～10%（图119）。

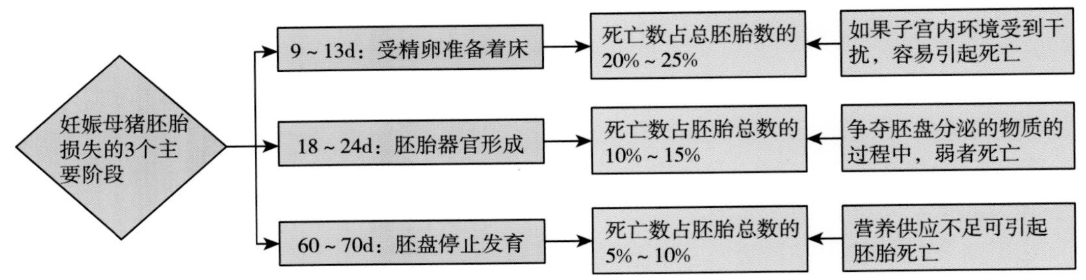

图119　母猪胚胎损失的3个主要阶段

151. 怎样对母猪体况进行评定？种母猪各阶段的体况要求是什么？

母猪体况评定方法有以下两种。

①观察体型：站在母猪后面，从头看到尾，观察肋骨、脊柱、腰角骨骼的显露程度和肌肉、脂肪的覆盖程度，按5分制从极瘦的1分到过肥的5分评定，打分方法可参照表8，其对应的标准体型可以参照图120。

表8　体型评分表

评分	体型情况	体况
1	肋骨、脊柱、腰角骨骼暴露明显	极瘦型，体况极差
2	肋骨、脊柱、腰角骨骼不用手压就感到	瘦型
3	肋骨、脊柱、腰角骨骼手压用力才感到	理想型
4	肋骨、脊柱、腰角骨骼不能感受到	略肥型
5	肋骨、脊柱、腰角骨骼被肌肉和脂肪覆盖	过肥型

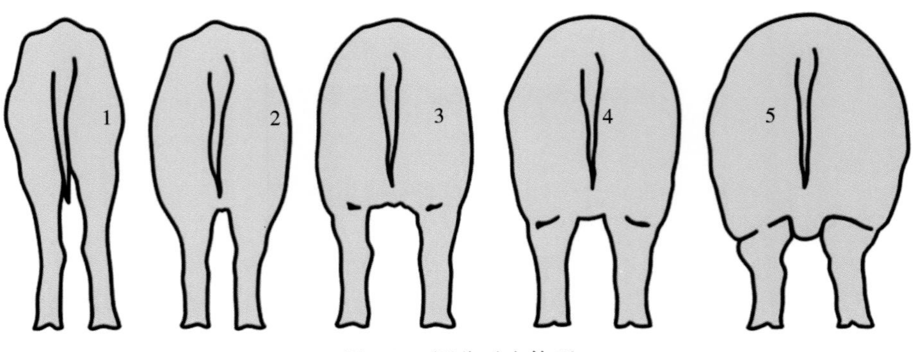

图120　评分对应体型

②背膘厚度法：常用B超测定猪P2点背膘厚度进行体况评定，P2点位于最后一根肋骨的外切横截面，距离背中线6.5cm处，背中线两边对称取点都为P2点。确定P2点较

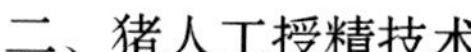

便捷的方法是用食指沿腹部侧面按压，并向前移动找到最后一根肋骨，同时用大拇指指向母猪脊椎背中线 6.5cm 处即为 P2 点。种猪各生长阶段对背膘的要求见表 9。

表 9 各生长阶段对背膘的要求

阶段	体重/kg	P2 点背膘厚/mm
后备母猪（150 日龄）	100	12～14
后备母猪（配种时）	130～140	16～20
妊娠中期		18
分娩		19～21
断奶		16.5～17

三、母猪的批次化管理

152. 什么是母猪的批次化管理?

母猪生产批次化是利用生物技术，将生产母猪群按指定的生产节律进行有计划、分批次的配种、分娩、断奶、后续保育、育成、销售，每个生产环节全进全出，从传统的连续性生产转向节律性生产，是一种母猪繁殖的高效管理体系。目前批次化生产技术有两种类型，一种是以法国为代表的法式批次化生产技术，其核心是使母猪性周期同步化。后备母猪采用饲喂烯丙孕素 14～18d，然后利用公猪诱情的方式，诱使后备母猪同情发情；经产母猪则利用统一断奶的方法来达到同步化的目的，不用激素处理。这种批次化的技术对母猪状况、环境和人员有较高的要求。另一种是以德国为代表的德国式批次化生产技术，其过程包括母猪定时输精技术和定时分娩技术。该方法经国内专家团队结合中国猪场实践，优化后形成的“简式批次化管理技术”适用于不同规模及生产水平的猪场，流程简单、生产可控，是我国猪场实施批次化生产的主要模式（图 121）。

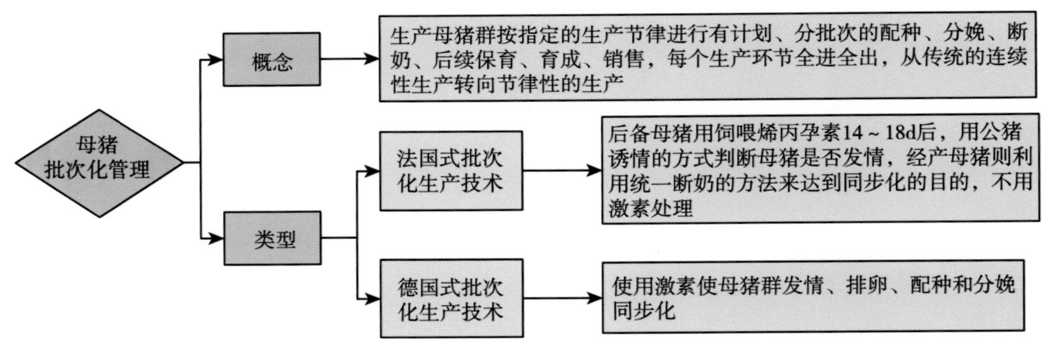

图 121　母猪的批次化管理概念与类型

153. 为什么要在猪场实行批次化管理?

猪场实行批次化管理的优点：

①提高猪群健康水平：批次间猪只不混养、并栏，降低猪只应激，不同日龄的猪只分别在不同空间饲养，可以有效防止水平感染，阻断疾病的传播，进而提高猪群健康水平。

②有效防控疫病：批次化生产实行全进全出，甚至连母猪群也全进全出，有合理的周期性空栏时间，有利于开展卫生消毒工作，彻底消灭传染源。另外，批次间的间隔使疫病

的水平传播和垂直传播途径被切断，减少猪群感染概率，同批次猪群日龄最为接近，整齐度高，便于制订防疫程序，且疫苗免疫后的抗体水平整齐，有效保护易感猪群。同一批次猪群不再接触其他外来猪群，通过其他猪传播疾病的概率也被显著降低。

③便于饲养管理：由于分娩日龄接近，产房仔猪便于同舍内交叉寄养，提高成活率的同时降低不同猪舍间疾病传播的风险；同一批次猪群日龄相似，便于制订饲喂计划，其日增重、饲料转化率可达到最佳，也便于监控饲料食用情况以及水耗情况，用药成本以及死亡率下降，生产效益提高；猪群日龄相似，对环境温度、湿度需求也一致，便于集中调节温度、湿度；同批次猪发病情况一致、单一，便于用药；批次生产，生产节律明显，便于监测猪群健康状况和员工工作水平，易于管理生产流程和查找漏洞，全进全出计划更容易执行和管理，提高猪场管理效率；根据生产计划制订种猪销售计划，使猪群均衡生产；批次生产均为成批的全进全出，减少混群，便于质量追溯或问题追溯。

④饲料效率高：健康水平高可提高饲料效率，进而降低生产成本，另外，环境温度及通风容易控制，营养需求可依照不同日龄体重或性别，提供最佳配方，减少饲料营养的浪费。

⑤方便生产安排：饮水及耗料可依批次或单位监视使用量，可提早预测猪只健康状况，及早预防猪只疾病，批次之间空栏时间容易控制、安排，猪舍硬件的维修、清洗及消毒可大规模进行，为新批次猪提供干净的畜舍。可以将主要的饲养技术及人力集中在配种、分娩及保育照顾工作，将时间及精力专注于猪场最重要的地方，使整个猪场饲养成绩大幅提高（图 122）。

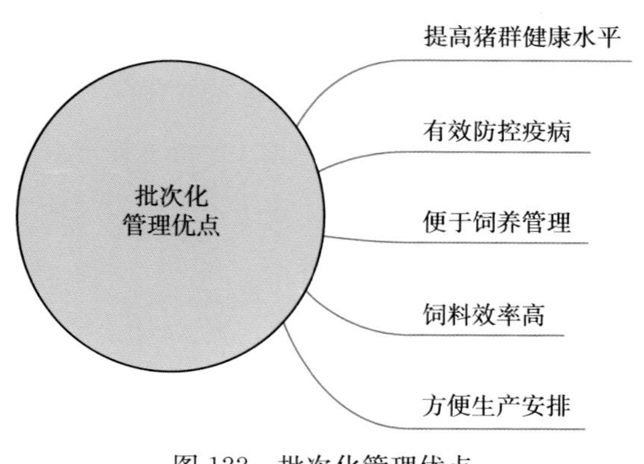

图 122　批次化管理优点

154. 批次化管理主要包括哪些环节?

①后备母猪发情同期化：保证足够数量的后备母猪，并且在母猪断奶前 14～18d 开始对后备母猪饲喂烯丙孕素，断奶当天饲喂后停止。经过同期化处理的后备母猪，在 1 周内发情配种比例可在 80%以上。

②经产母猪定时输精：定时输精是母猪批次化管理的基础，不同的母猪采用的定时输精程序不同，经产母猪定时输精程序根据母猪的哺乳期长短可分为两种，一种是哺乳期超

过 4 周的，选择在上午断奶，24h 后注射孕马血清促性腺激素（PMSG），于 56h 注射促性腺激素释放激素（GnRH）；另一种是哺乳期低于 4 周的，选择在下午断奶，24h 后注射 PMSG，72h 后注射 GnRH，所有的母猪均在下午注射 GnRH 后，间隔 24h 和 40h 分别进行 1 次人工输精。

③母猪同期分娩技术：母猪的妊娠期为 111～117d，间隔时间长，以及产仔时间的不确定性，使得接产工作、仔猪的护理和寄养较为困难，为了更好地促进母猪集中分娩，在母猪妊娠 113d 还未分娩时，注射氯前列醇钠进行诱导，在母猪开始分娩后注射催产素，可大大缩短母猪产程，减少死胎比例（图 123）。

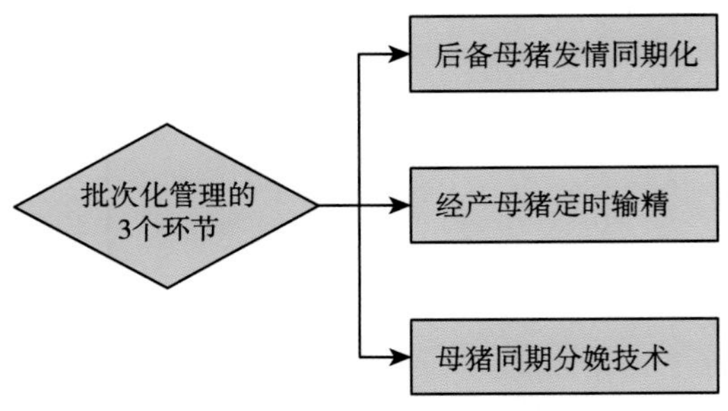

图 123　批次化管理主要环节

155. 母猪生产批次化生产管理参数设计应考虑哪些因素?

①基础母猪群体的大小：一般建议有 1 000 头基础母猪存栏的选择 3 周批以上的批次，1 000～2000 头基础母猪存栏的选择 1～3 周批，2 000 头以上基础母猪存栏的选择一周批。

②栏舍的构造与数量：包括产床和限位栏的数量、比例。周批次实行全进全出，一般要求产床的数量必须是单元数的倍数，并且批次的分娩数是每单元的产床的倍数。

③公猪的数量或精液的供应：配种比较集中，部分周批次需要增加公猪的饲养数量。

④后备母猪的补充条件：批次生产后备补充数量相对较多。

⑤人员的配备（图 124）。

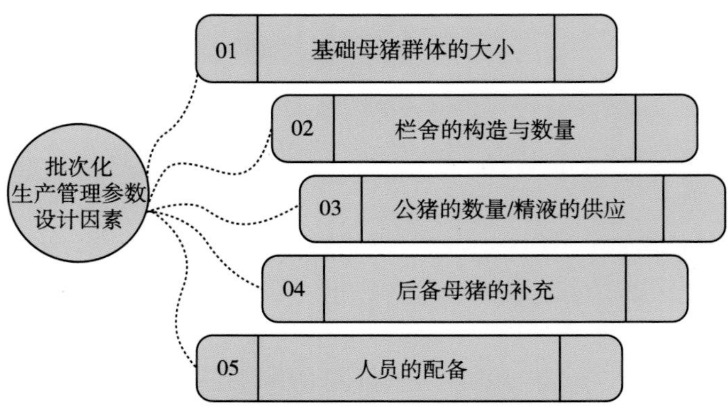

图 124　批次化生产管理设计考虑因素

156. 如何对现有传统周批次猪场进行批次化改造？

从传统的周批次生产方式转向批次化生产，除了要对猪舍进行重新调整，还要对猪群进行大规模的调整，最重要的是对人员进行培训，树立他们的信心，因为转向批次生产会带来短暂的生产混乱和效率下降，尤其是在行情比较好的时候，进行批次化改造的困难更大。计算批次化参数，每批分娩母猪头数、产床数量、配种数和需要准备的后备母猪数量4个关键指标。最重要的是针对现有产房的布局进行重新设计，如果以产房的数量来决定每批分娩母猪头数，可能会减少每批分娩母猪头数，导致淘汰的母猪比较多；若通过增加产床数来满足每批分娩母猪头数，则产床数应等于每批分娩母猪头数的两倍。另外，要调整母猪断奶的时间，分为提前断奶、正常断奶、延迟断奶。还可通过后备猪补充等方式，保证同期发情母猪的数量（图125）。

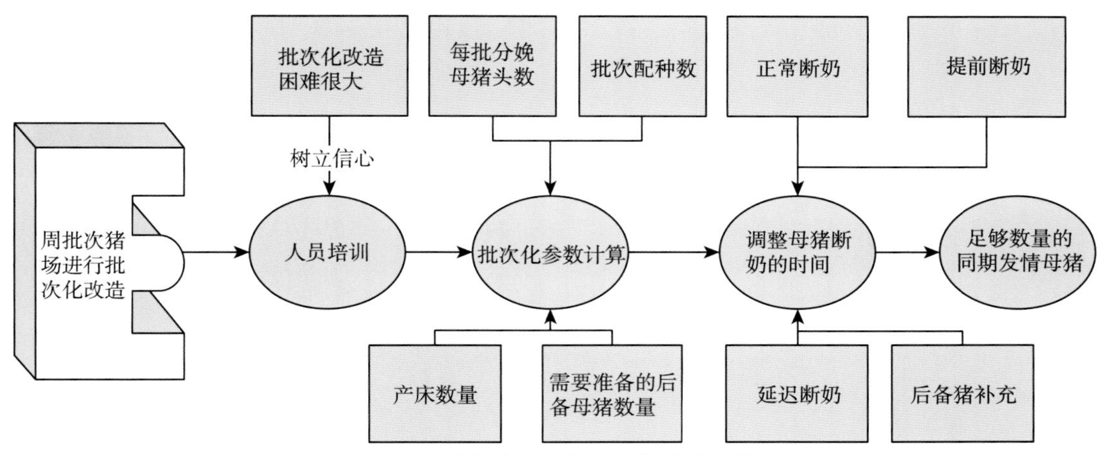

图125　传统猪场进行批次化改造程序

157. 如何对新建猪场进行批次化设计？

新建猪场实施批次化生产相对容易，要求先做好计划，根据批次化的大小和母猪群体大小，设计批次化生产的参数和流程。主要指标：①批次数量；②配种率；③精液如何供应；④季节的影响。一般情况下，这些在建场之前就应该精确计算好，并配备相应的设施，否则开始执行批次化管理后，一旦达不到设计的目标，将造成生产的混乱和巨大的经济损失。需要计算每批分娩母猪头数、产床数量、配种数和需要准备的后备母猪数量4个关键指标。根据这些关键指标安排生产流程、分配生产资源、调配员工、制订计划。对于新建的猪场，第一次准备后备母猪，每批按照配种数量除以后备猪利用率（0.9），因为后备母猪利用率一般为90%得出的数值准备就可以，批次数根据选择的周批的参数确定。完成一轮次后要准备的后备母猪，按需要配种数与批次数的差值补充（图126）。

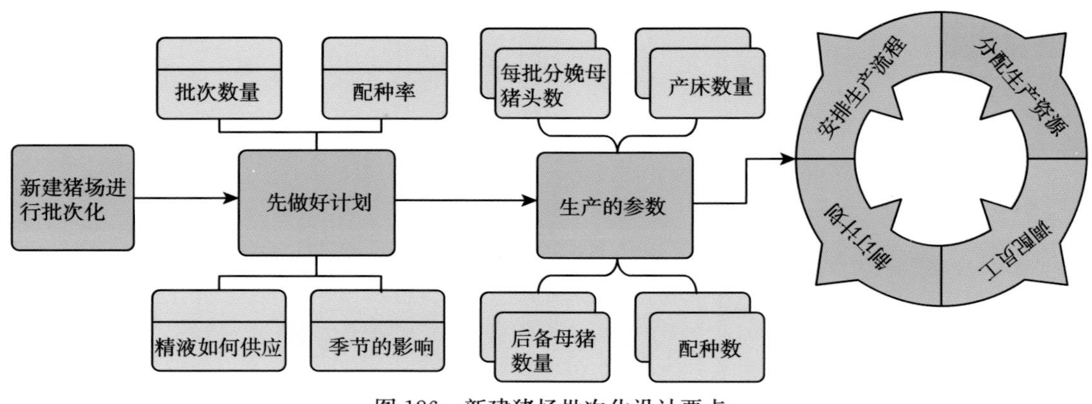

图 126　新建猪场批次化设计要点

158. 不同周批次生产有什么具体的管理参数?

表 10 列举了不同周批次的整周批管理相应的技术参数。

表 10　不同周批次生产管理参数

类型	生产节律/d	繁殖周期/d	哺乳期/d	批次分群/个	产房单元数/个	产房利用周期/d	提前上产床+洗消天数/d
一周批（21d 断奶）	7	114+5+21=140	21	20	4	28	7
					5	35	14
一周批（28d 断奶）	7	114+5+28=147	28	21	5	35	7
					6	42	14
二周批	14	114+5+21=140	21	10	2	28	7
					3	42	21
三周批	21	114+5+28=147	28	7	2	42	14
四周批	28	114+5+21=140	21	5	1	21	7
五周批	35	114+5+21=140	21	4	1	35	14

159. 常用的各种周批次生产模式的优缺点是什么?

常见的主要周批次生产模式的适用的场景和优缺点见表 11。

表 11　不同周批次生产模式的比较

项目	一周批	三周批	四周批	五周批
适用规模	1 000 头以上的基础母猪存栏	小于 1 500 头的基础母猪存栏	小于 1 000 头的基础母猪存栏	小于 800 头的基础母猪存栏

（续）

项目	一周批	三周批	四周批	五周批
优点	①生产容易组织 ②基本不用激素处理，自然发情配种，没有额外激素成本投入 ③非生产天数没有额外增加	上一批返情的猪正好进入下一批次的配种周，有利于猪的利用管理	①产房利用效率高，分娩床配制数量少，投资成本低 ②分娩区有空栏时间，有利于疾病阻断	①产房利用效率高，分娩床配制数量少，投资成本低 ②分娩区有空栏时间，有利于疾病阻断 ③分娩周、配种周和断奶周均匀分散，便于生产组织
缺陷	①每周提供的上市仔猪相对较少，仔猪的整齐度差 ②每周都要配种、分娩、断奶操作，不利于部门间协调，劳动效率低 ③产房每周都有猪，不利于疫病的控制	①28 日龄断奶，母猪生产效率低 ②产床利用效率低 ③分娩区域总有猪，不利于阻断疾病	①产房冲洗和母猪提前上产床的时间一共只有 7d，时间太短，对工作组织要求高，空栏时间不充分 ②分娩周和配种周在同一周，不利于部门间协调，劳动效率低	需要高效组织生产，不然非生产天数会延长

160. 批次化生产中会用到哪些生殖激素？

批次化生产中会用到的生殖激素：

①烯丙孕素，是一种水溶性、人工合成的口服型活性孕激素，外观呈白色结晶粉末，类似于天然孕酮的作用模式来抑制促性腺激素的释放，可作为家畜同期发情的药物，母猪的推荐剂量为 20mL/（头・d），口服，连续给药 18d。

②孕马血清促性腺激素（PMSG）是在怀孕母马血清中发现的一种激素。已知妊娠马属动物（驴、斑马等）都有产生，所以又称为马绒毛膜促性腺激素（eCG）。PMSG 是一种经济实用的促性腺激素，养猪生产上广泛应用于诱导发情、超数排卵或增加排卵率。

③促性腺激素释放激素（GnRH），又称促黄体生成素释放素（LHRH），属肽类化合物，为十肽，临床上主要用作促排卵。

④氯前列醇钠，溶解黄体、刺激平滑肌收缩（没有催产素强烈）。

⑤催产素（缩宫素）：有促进子宫平滑肌收缩、止血、疏通乳管的作用（图 127）。

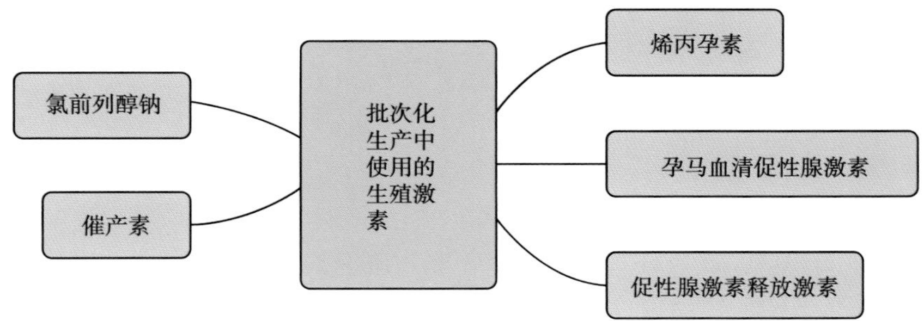

图 127　批次化生产中常用生殖激素

161. 孕马血清促性腺激素（PMSG）主要有哪些生理作用？

PMSG 主要来自妊娠母马子宫内膜杯状细胞。主要作用和功能：

①具有与促卵泡素（FSH）相似的生理功能，促进卵泡发育和黄体形成，可引起母畜超数排卵。

②对公畜，PMSG 可促使睾丸的精细管发育和性细胞分化；生产中用于治疗母畜卵巢静止、机能衰退，还可用于超数排卵。猪的诱导发情常用剂量为 750～1 000IU。

PMSG 在生产中多与人绒毛膜促性腺激素（hCG）配合使用，以促进雌性动物卵泡的生长发育，刺激超数排卵，增加排卵率，防止胚泡萎缩（图 128）。

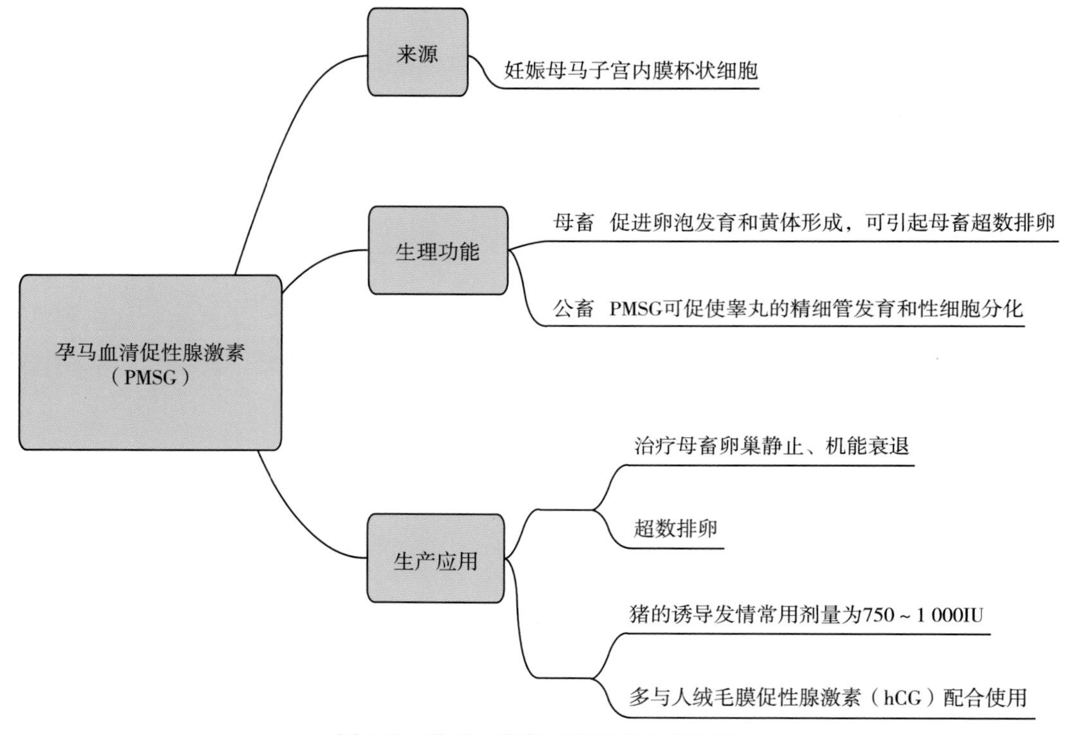

图 128 孕马血清促性腺激素生理作用

162. 促性腺激素释放激素（GnRH）主要有哪些生理作用？

GnRH 是由分布于下丘脑内侧视前区、下丘脑前部、弓状核、视交叉上核的神经内分泌小细胞分泌的，能促进垂体前叶分泌促黄体素（LH）和 FSH，还可以直接作用于卵巢，影响性激素的合成，或直接作用于子宫、胎盘等。其主要的生理作用体现在，促进垂体前叶释放和合成 LH 和 FSH；刺激各种动物排卵；促进精子生成；抑制生殖系统机能，长时间或大剂量应用会产生抗生育作用（图 129）。

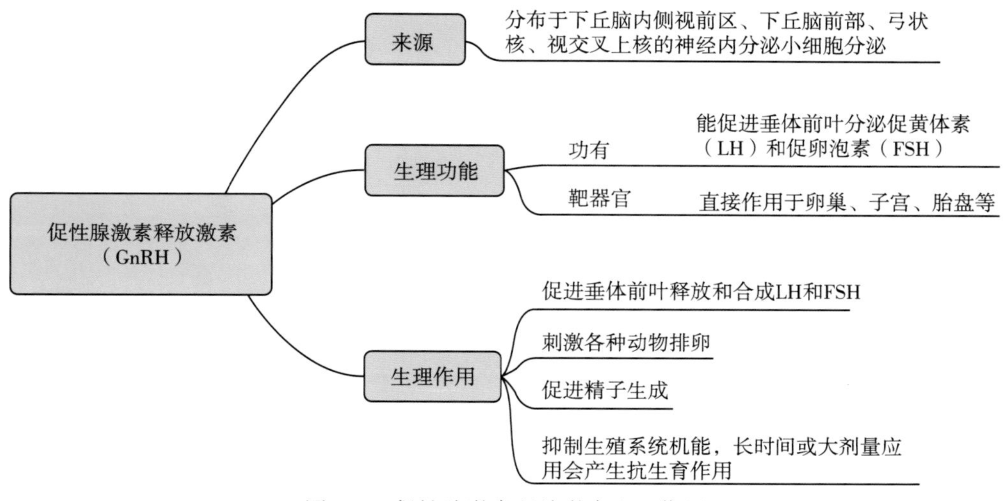

图 129　促性腺激素释放激素生理作用

163. 烯丙孕素主要有哪些生理作用？

烯丙孕素是一种人工合成的孕激素，其原理是降低了内源促性腺激素（LH 和 FSH）在血浆中的浓度。生产中，低促性腺激素浓度诱导大卵泡（＞5mm）消退，并且使卵泡生长无法大于 3mm，从而使动物在给药期间无法发情和排卵，但在给药结束之后，LH 在血浆中的浓度增加，使得卵泡能够生长和成熟，停喂后，动物同步开始发情周期。烯丙孕素的主要生理作用（图 130）：

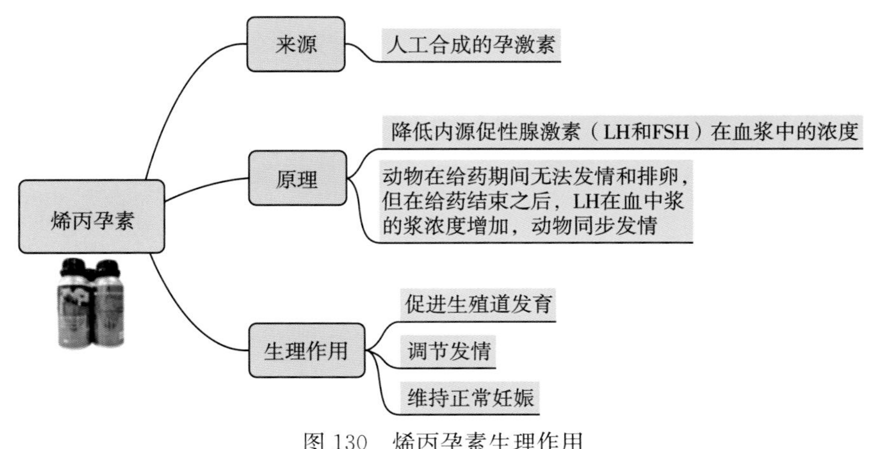

图 130　烯丙孕素生理作用

①促进生殖道发育：生殖道在雌激素刺激下开始发育，但只有经过少量烯丙孕素协同作用后，才能充分发育。

②调节发情：少量的烯丙孕素与雌激素协同作用，促使母猪发情，大量烯丙孕素对雄激素有拮抗作用，抑制发情。

③利于妊娠：烯丙孕素促进子宫内膜增厚，刺激子宫腺增大、弯曲增多，分泌功能加强，抑制子宫的自发性活动，降低子宫肌层的兴奋作用，有助于胚胎的发育和附植，维持正常妊娠。

164. 氯前列醇钠的主要生理作用有哪些？

氯前列醇钠是前列腺素的类似物，前列腺素存在于哺乳动物各种重要组织和体液中，但不同的组织所生产的前列腺素有所不同。在家畜方面，与生殖调控有密切关系的前列腺素 F2α（PGF2α），主要在肺、肾、卵巢、子宫内膜等组织中生成，通过血液循环到达效应细胞，发挥生理功能。氯前列醇钠是 PGF2α 的合成外消旋类似物，能与细胞表面的 PGF2α 受体结合，激活蛋白激酶 C 发挥生理作用。具有溶解功能性和结构性黄体的作用，对母猪使用该药，能使处于 15d 以上的性周期黄体溶解。主要用于诱导分娩和引产，产后使用可促进子宫复旧。生理作用：对雌性使用，有溶解黄体，刺激子宫、输卵管收缩，促进排卵，发动分娩的作用；对雄性动物使用，可促使睾丸被膜、输精管、精囊腺发生收缩，增加射精量，提高精子活力。

生产应用：调解发情周期，用于同期发情处理，人工引产（诱发分娩），提高受胎率；在采精前 0.5～1h，给公畜注射，可以提高公畜的射精量和精子密度（图 131）。

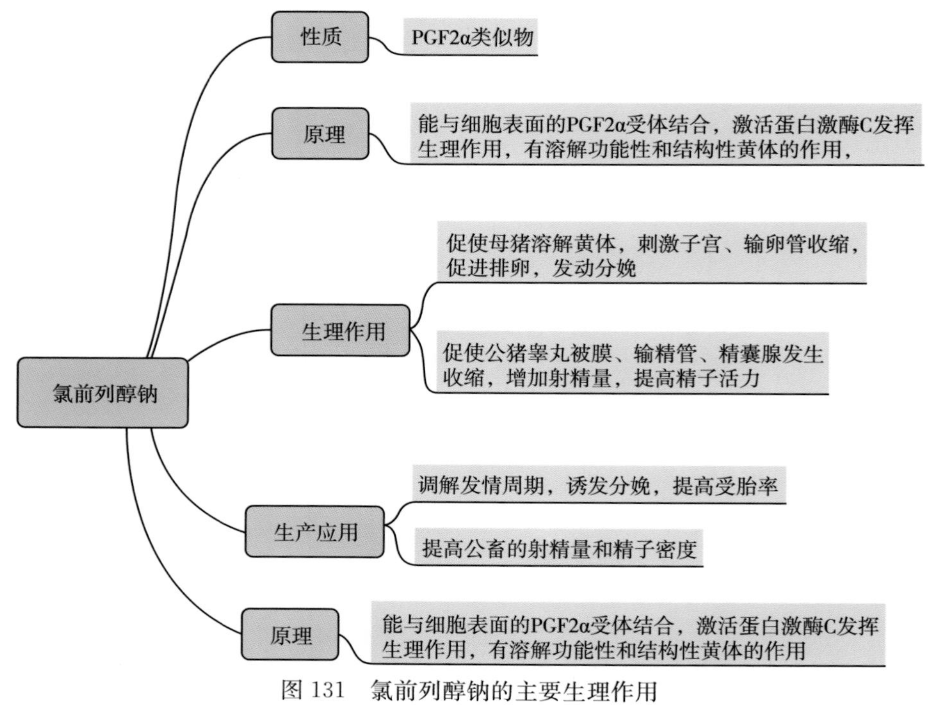

图 131　氯前列醇钠的主要生理作用

165. 卡贝缩宫素的主要生理作用有哪些？

卡贝缩宫素（化学名称为去氨-2-氧-甲基酪氨酸-1-κ缩宫素）是垂体后叶激素中

催产素的合成类似物，是一种合成的具有激动剂性质的长效催产素八肽类似物，其临床和药理特性与天然产生的催产素类似。卡贝缩宫素与子宫平滑肌的催产素受体结合，引起子宫的节律性收缩，在原有的收缩基础上，增加其频率和子宫张力。在非妊娠状态下，子宫的催产素受体含量很低，在妊娠期间增加，分娩时达高峰。因此卡贝缩宫素对非妊娠的子宫没有作用，但是对妊娠的子宫和刚生产的子宫具有有效的子宫收缩作用。通过选择性结合子宫平滑肌纤维上的特异性受体，刺激钙离子流入和抑制腺苷三磷酸（ATP）依赖钙离子流出，从而改善其收缩性，使不规律的弱宫缩变成有规律的强宫缩，从而缩短母猪产程和产仔间隔。产后早期注射卡贝缩宫素还可以促进子宫复旧。此外，卡贝缩宫素可以作用于乳腺，促进腺泡和小乳腺管周围的肌上皮细胞收缩，同时使乳头括约肌松弛，促进排乳。

使用注意事项：①母猪在分娩至少一头仔猪后才能使用；②猪子宫口未开或机械原因导致分娩延迟的，严禁使用本药催产，如产道阻塞、胎位和胎势异常、产时抽搐、子宫破裂、子宫扭转、胎儿相对过大或产道畸形时；③两次注射间隔不应少于 24h（图 132）。

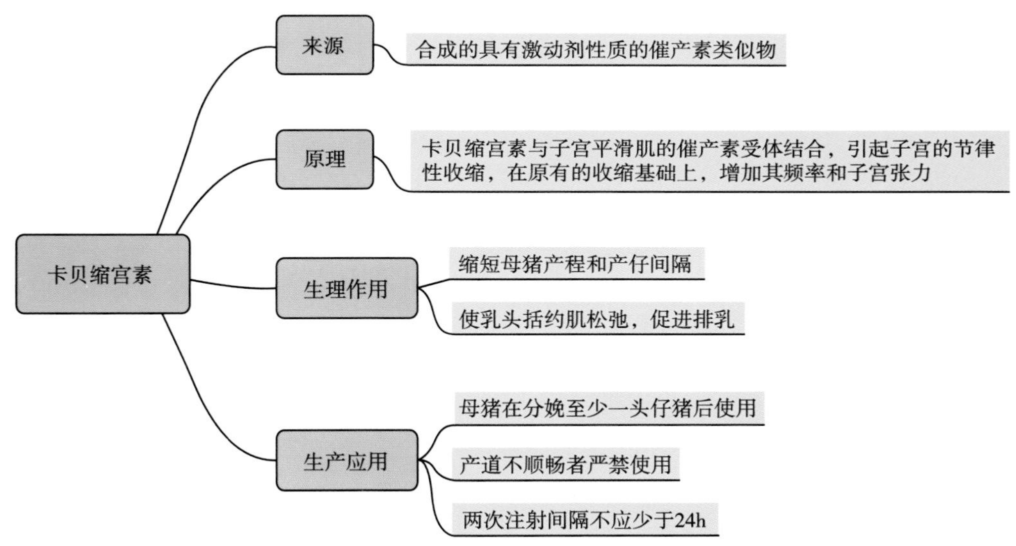

图 132　卡贝缩宫素的主要生理作用及使用注意事项

166. 什么是“白天产仔控制技术”？

受母猪生理原因及生物特性等影响，母猪多倾向于在夜间分娩；夜间受人类作息、气温、视觉清晰度等影响，母猪不能得到及时有效的接生帮助以及产后护理清洁，将影响母猪产后康复及仔猪存活率；控制母猪在白天分娩是提高生猪养殖效益的重要环节，不仅可提高仔猪成活率，也可提高母猪生命安全概率。

母猪白天产仔常用药物控制的方式：在母猪临产前 1～2d 的上午 8—9 时，肌内注射或阴户注射氯前列醇钠 1～2mL，可使大部分猪在第二天的白天分娩（图 133）。

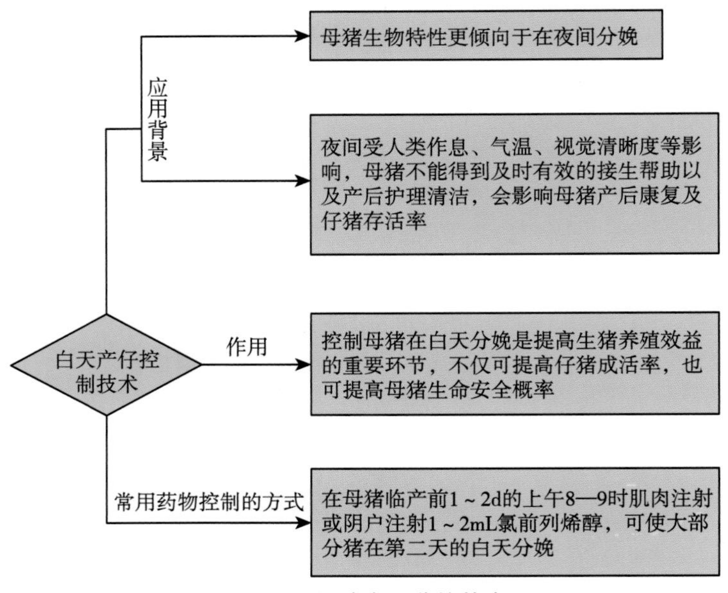

图 133　母猪白天分娩技术

167. 什么是母猪的发情同期化？猪场中如何实现母猪发情的同期化？

母猪的同期发情技术：诱导猪群在同一时期内发情并排卵的技术，主要通过控制卵泡的生长发育和黄体期的长短，来达到同情发情并排卵的目的。采用母猪的同期发情技术便于组织集约化生产和管理（图 134）。

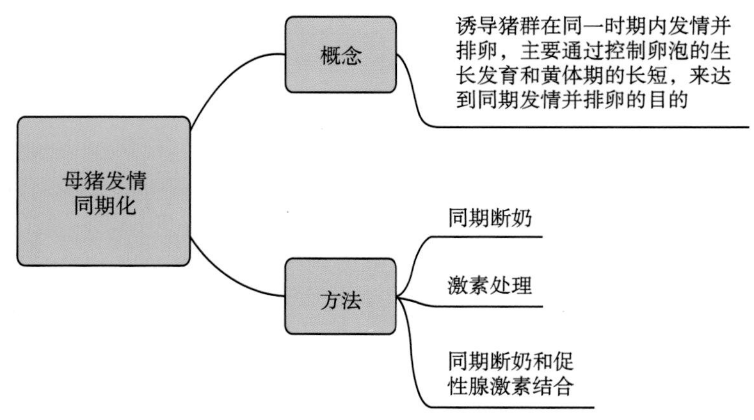

图 134　母猪的发情同期化及方法

猪场中实行同期发情的方法：

①同期断奶：是经产母猪发情同期化最常用、最简单的方法。对分娩后 18～35d 的哺乳母猪同时断奶，一般断奶后 1 周内绝大多数母猪会发情。

②激素处理：后备母猪和经产母猪每天饲喂烯丙孕素类激素 18d，停药后 4～6d 发情。

③同期断奶和促性腺激素结合：在母猪断奶后 24h 内注射促性腺激素，能有效提高同期断奶母猪的同期发情率。使用 PMSG 诱导母猪发情应在断奶后 24h 内进行，初产母猪的剂量是 1000IU，经产母猪为 800IU；使用 hCG 或 GnRH 及其类似物进行同步排卵处理时，哺乳期为 4～5 周的母猪应在 PMSG 注射后 56～58h 进行，哺乳期为 3～4 周的母猪应在 PMSG 注射后 72～78h 进行；输精应在同步排卵处理后 24～26h 和 42h，分两次进行。

168. 转型阶段母猪批次化管理的注意事项有哪些？

批次化生产转型阶段应注意以下几方面的问题：坚定员工对实行批次化模式的信心，因为导入批次生产会带来短暂的生产混乱和效率下降，尤其是在行情比较好的时候进行批次化改造困难很大，配种人员在新模式下引起的短暂性母猪配种率低；后备猪管理问题主要包括后备猪数量不足，后备猪利用率低；猪群周转问题主要为育肥猪压栏引起的一系列周转紧张，甚至不能按时转群；转型期生产成绩会有一定程度的下降，由连续生产向批次生产过渡时间一般长达 5 个月，这 5 个月时间内，由于工作、猪群不协调以及空怀母猪适当增多等，会造成生产成绩短暂下降（图 135）。

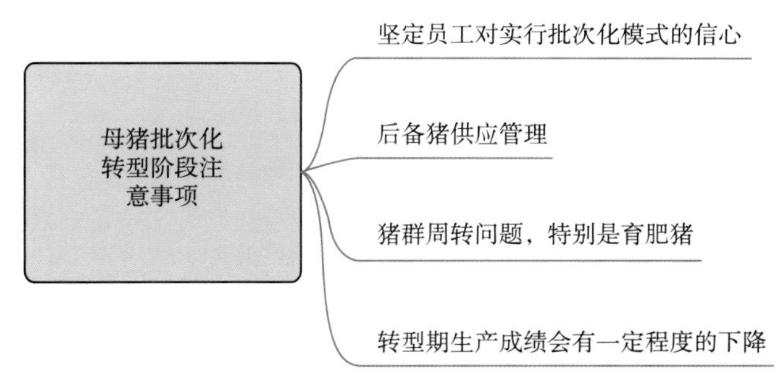

图 135　母猪批次化管理转型阶段的注意事项

169. 后备母猪如何导入批次？

后备母猪 5 月龄时，开始利用公猪诱情，并做好记录，将有情期的母猪和无情期的母猪分开集中饲养管理，有情期的后备母猪诱情成功率比无情期的后备母猪的成功率要高很多，无情期记录的后备猪在 190 日龄注射 PMSG，之后进行 7～10d 的诱情操作，以建立初情期；对应栏舍母猪分娩后，根据该批产房分娩数及计划淘汰母猪数，计算当批适配母猪数以及需要入群的后备母猪数量，然后根据后备母猪的利用率，选择适合的种用后备母猪；对有情期记录的，在 210～240 日龄开始饲喂烯丙孕素，饲喂 13～18d，于同批次母猪断奶当天停喂，再通过定时输精技术实现整个后备母猪的精准入群（图 136）。

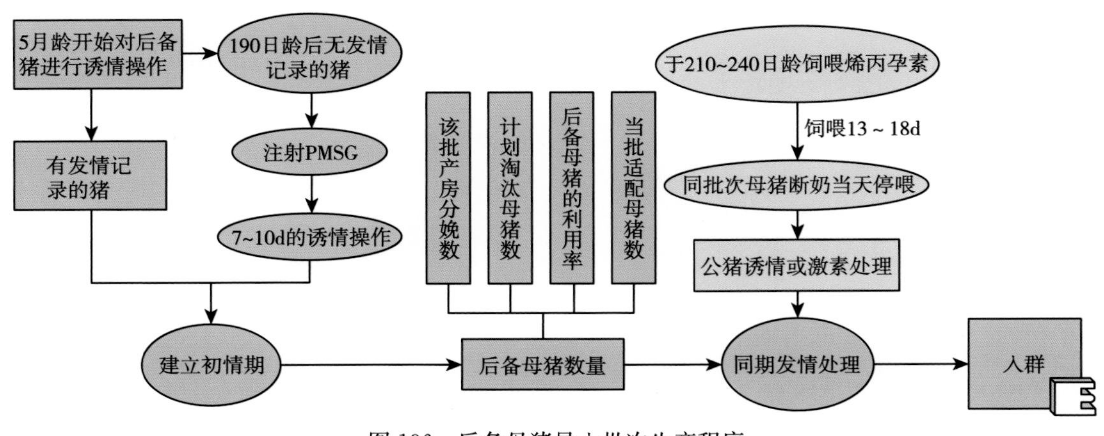

图 136　后备母猪导入批次生产程序

170. 什么是定时输精技术?

母猪定时输精技术是指利用外源生殖激素对母猪的发情、排卵时间进行调控，以实现猪群在特定时间输精配种的技术。该技术不仅能使养殖人员准确把握输精时机，提高母猪繁殖效率，还能实现同批次母猪发情排卵及输精的同步化，便于批次化生产管理，是推动当代养猪业工艺变革的一项动物繁殖新技术。定时输精技术可分为简式定时输精和精准定时输精技术两大类（图 137）。

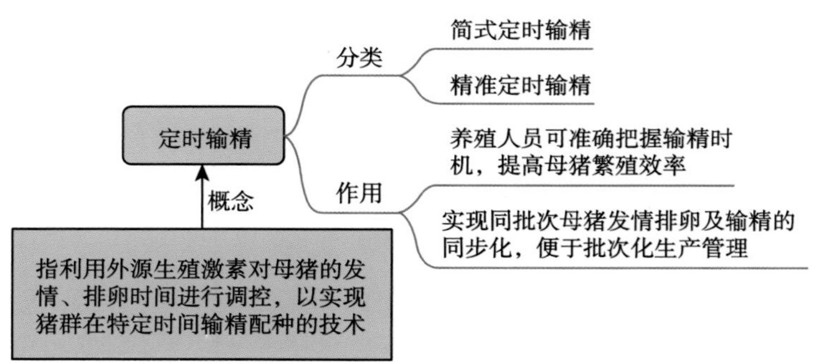

图 137　母猪定时输精技术

171. 后备母猪如何进行定时输精?

后备母猪定时输精有 2 种，一种是源自法国的简式定时输精；另一种是源自德国的精准定时输精。针对后备猪，二者都要求后备猪有发情记录，建立后备猪的初情期。

简式定时输精程序：挑选 210 日龄左右或体重 110kg，体况评分 3.5 分左右的后备猪，饲喂烯丙孕素 18d；停喂烯丙孕素后，高强度诱情刺激，发情后配种。

提高配种率的措施：

①烯丙孕素停喂后的前 3d 加大饲喂量，促进母猪排卵。

②光照程序：饲喂烯丙孕素期间猪舍内降低光照强度，停喂当天至配种前这一阶段强化光照强度，以刺激母猪发情。

③强化公猪诱情：烯丙孕素停喂后的前 4d，利用公猪进行高强度诱情刺激。

④公猪管理：重视公猪的膘情和性欲，处于饲喂烯丙孕素期间的母猪避免接触公猪。

精准定时输精：采用烯丙孕素＋PMSG＋GnRH。连续饲喂烯丙孕素 14～18d，停喂后 42h，注射 PMSG 促进卵泡发育同步化，80h 后注射 GnRH 促进排卵。注射 GnRH 后 24h，对所有后备母猪进行第一次输精，间隔 16h 后第二次输精，对第二次配种 24h 之后仍有静立反应的母猪追加 1 次配种。如有母猪提早发情，可在观察到静立反应后 12h 增加配种 1 次（图 138）。

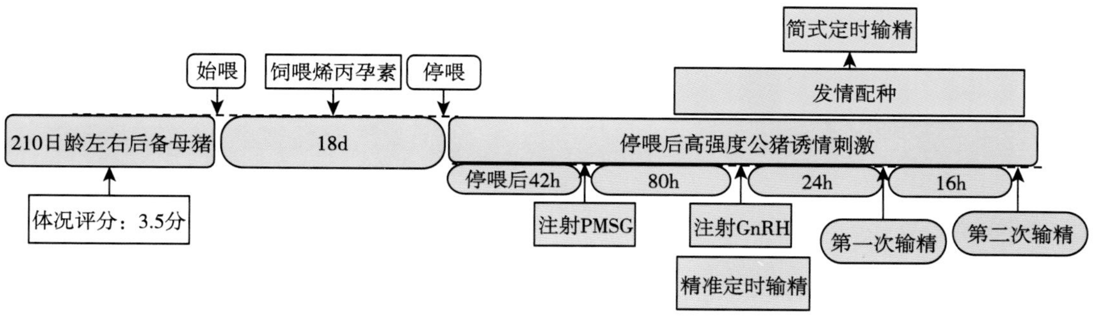

图 138　后备母猪定时输精方法和程序

172. 经产母猪如何进行定时输精？

在哺乳期间，由于高浓度的催乳素（PRL）抑制经产母猪下丘脑分泌 GnRH，从而抑制了母猪发情。断奶后，解除了 PRL 的抑制作用，下丘脑开始分泌 GnRH 并促使垂体分泌 FSH 和 LH，进而促进卵泡发育。因此，经产母猪可通过同期断奶初步实现性周期同步化，生产中，为进一步提高同步化率，在母猪断奶后 24h 注射 PMSG 促进母猪同期发情；56～72h 后注射 GnRH 促进排卵（此时对出现静立反应的经产母猪可进行人工授精处理），注射 GnRH 后 24h 第一次输精，间隔 16h 第二次输精（图 139）。

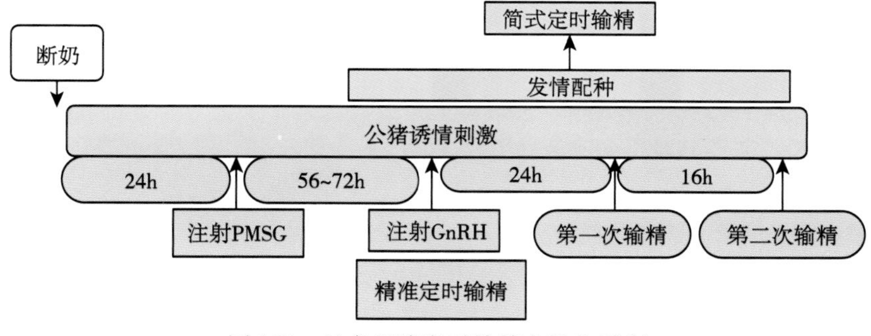

图 139　经产母猪定时输精方法和程序

173. 什么是母猪同期分娩?

同期分娩技术是基于分娩机理，模拟启动分娩时的激素变化，利用外源激素人为调控母猪分娩进程，使母猪在预定的时间段内集中分娩的技术。同期分娩技术不仅可实现母猪集中护理，减少难产，而且可集中进行新生仔猪的护理和寄养，提高仔猪成活率，同时还将大大节省员工工作量，提高工作效率。此外，母猪同期分娩可充分提高产床利用率，并有利于后续断奶、配种、再次分娩的同步化，为猪群“全进全出”打下基础（图140）。

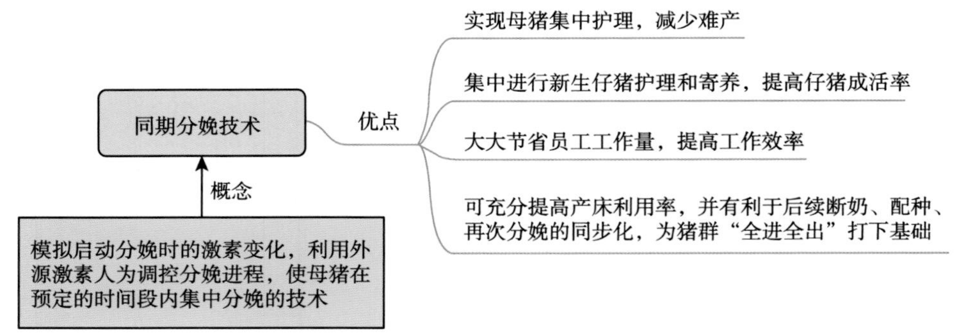

图140　母猪同期分娩概念及优点

174. 猪场中如何对母猪实施同期分娩?

大群配种时间相近的妊娠母猪可采取下列程序实现同期分娩：

①药物的选择：氯前列醇钠（图141）。

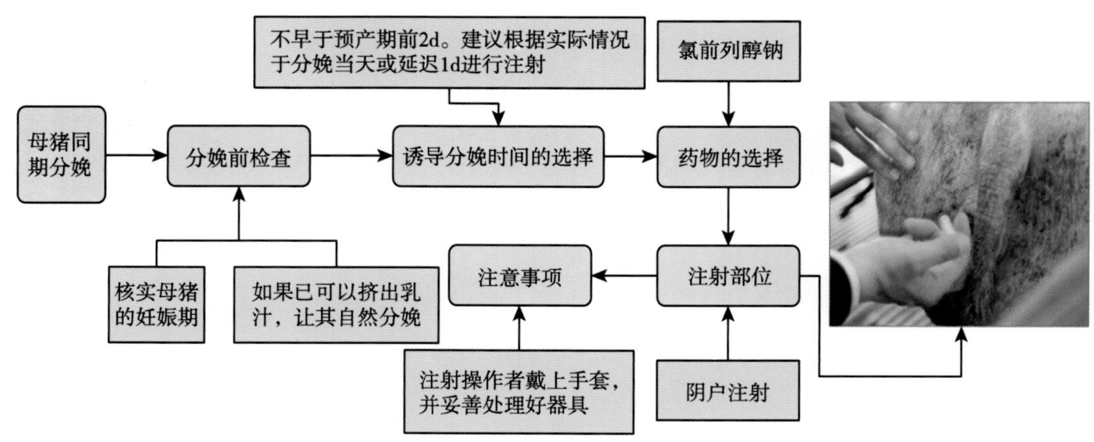

图141　母猪同期分娩流程

②诱导分娩时间的选择：核实母猪分娩信息，妊娠期久的5%～10%不用药物诱导可自然分娩药物使用的不早于预产期前2d。建议根据实际情况于分娩当天或延迟1d进行

注射。

③母猪乳头检查：注射前应事先检查母猪乳头，如果发现已经有乳汁分泌，则不需要诱导分娩。

④注意事项：氯前列醇钠可被皮肤吸收，药物注射操作者须戴上手套后，用一次性注射器抽取药物，注入外阴基部肌肉组织。可一次注射也可分两次注射，若分两次注射，每次用一半剂量，间隔 6h。

⑤用具处理：注射完毕后，应妥善处理手套及注射用具等。

175. 母猪上产床前如何进行消毒清洗?

找出临产不超过 1 周的母猪并登记，准备好猪用清洁剂、刷子和消毒药水，放置于洗猪栏旁，清洗临产母猪的地方可以选择在限位栏内进行，也可以修建单独的母猪清洗间或栏，有条件的猪场使用热水清洗。

消毒清洗程序：①一次赶 10～12 头临产母猪到洗猪栏内；②用温清水湿润母猪全身；③用刷子刷去母猪身上的脏物和粪便，特别是阴门周围、四肢、下腹；④用温清水冲洗干净；⑤用 1∶200 的卫可溶液浇淋，保证猪身全部被淋到，以达到消毒的目的；⑥将母猪转入产房的产栏内（图 142）。

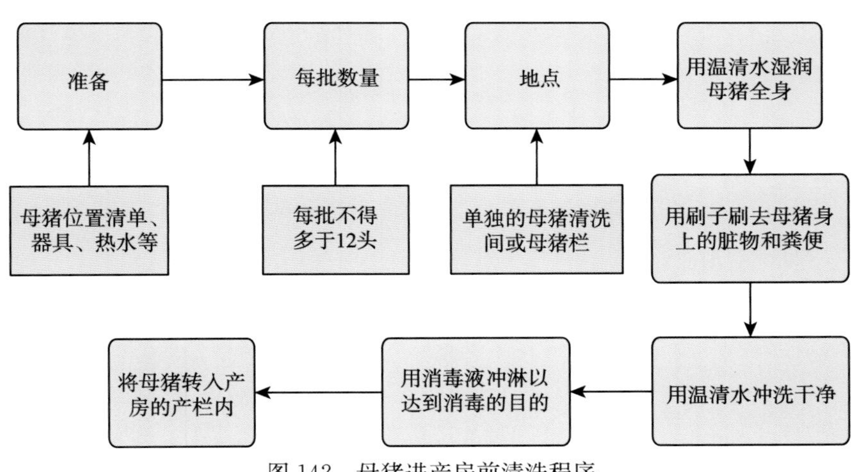

图 142　母猪进产房前清洗程序

176. 什么是 PSY? 如何提高猪场 PSY?

PSY 指每头繁殖母猪每年能提供的断奶仔猪头数，它是衡量猪场效益和母猪繁殖力的重要指标，计算公式：PSY＝母猪年产胎次×母猪平均窝产活仔数×哺乳仔猪成活率。提高猪场 PSY 的方法有，选择繁殖性能优秀的猪种、猪场合理的胎次结构，促进发情母猪的排卵率和降低胚胎的死亡率，科学的母猪饲养管理程序、母猪营养的合理供应和猪场的疾病控制（图 143）。

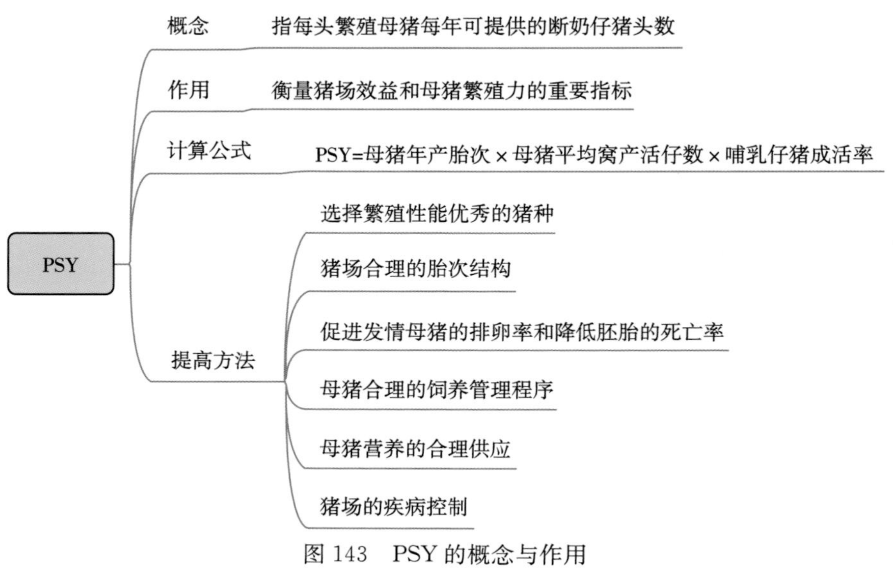

图 143 PSY 的概念与作用

177. 母猪临产前饲养管理过程中有哪些注意事项?

准确的配种记录对良好的产仔管理是很重要的，有助于饲养员在适当的时候采取正确的措施。日常管理中，应按时间顺序考虑以下措施：

①产仔前 40d、前 15d 应接种大肠杆菌、梭状芽孢杆菌疫苗，以便提高初乳的抗体水平。接种任何一种疫苗前，都应向兽医咨询。

②怀孕 90～110d，妊娠母猪的采食量应增加到 3.0～3.5kg，以避免胎儿的快速生长分解母体的钙储存。

③怀孕 110d 至产仔，应逐渐减少日粮至 1.8kg，以缩短产仔时间，避免子宫炎、乳房炎、无乳综合征的发生，减少死胎头数。

④驱虫，母猪可能会感染蚧螨或肠道寄生虫，所以在产仔前 7～10d，应对母猪进行体表用药、注射用药或饲料投药。室内饲养的母猪在转群至产房前，应彻底清洗消毒，以便除去身上的粪便及虫卵。

⑤分娩舍准备，接收产仔母猪前，产房应彻底清洁消毒、保持干燥，并空置一段时间。断奶后，应对产房进行高压冲洗并消毒。强烈推荐采用全进全出制，并采用正确的清扫及干燥措施。

⑥怀孕 108～110d 时，应将妊娠母猪轻柔地转至产房。尤其是首次经历产仔的初产母猪，需一定时间适应新的环境。此外，产房饲养员要非常准确地把握好产仔前母猪的低水平饲喂量。

⑦产仔前 5～7d 的理想室温为 18～20℃，临产母猪还应避免热应激、贪食和嗜睡。

⑧饲养员及母猪间应进行一些轻柔的接触交流，以便母猪在产仔及哺乳期间适应有关的操作（图 144）。

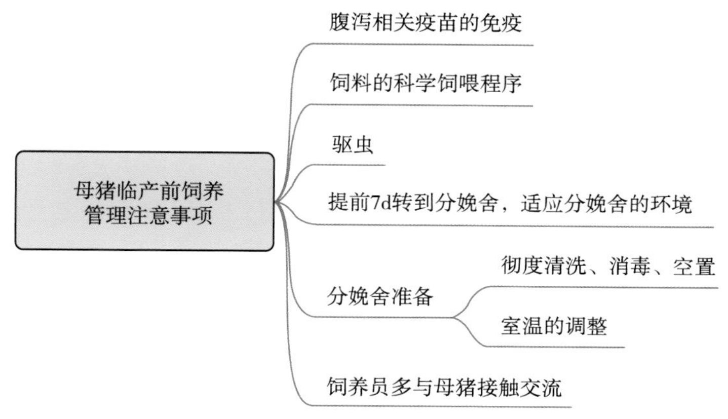

图 144　临产前母猪饲养管理注意事项

178. 母猪临产前有哪些行为或生理征兆?

母猪临产前会表现的生理变化：

①分娩前约 2 周，乳头开始肿胀。

②分娩前 2d，乳腺变得肿胀和紧张，并分泌一种清澈的液体，外阴中有时会出现白色排出物，乳头变微红，摸起来微热、柔软。

③腹部膨大下垂，乳房有光泽，两侧乳头外胀，用手挤压，有乳汁排出，初乳出现后 12～24h 内即分娩。

④分娩前 6h，可以从乳头中挤出初乳，母猪变得焦躁不安并表现出筑巢行为。在分娩栏内表现为，用前腿刮地面，咬保温箱和料槽，用嘴拱漏缝地板。呼吸频率加快，每分钟超过 30 次。

⑤阴道红肿，行动不安，有做窝现象，频频排尿。

⑥产前，外阴中有黏性的排出物。开始出现宫缩，可以通过母猪尾巴上举和抬起后腿来辨别，是否开始宫缩，每次宫缩持续 1～3min，每小时出现 10～15 次宫缩，越是临近生产，宫缩出现的次数越多。

⑦母猪分娩前精神兴奋，频频起卧，阴户肿大，乳房膨胀发亮。当阴户流出少量黏液及所有乳头均能挤出多量较浓的乳汁时，母猪即将分娩。

⑧破水：带血的产道、油性液体和胎粪（胎儿粪便）（图 145）。

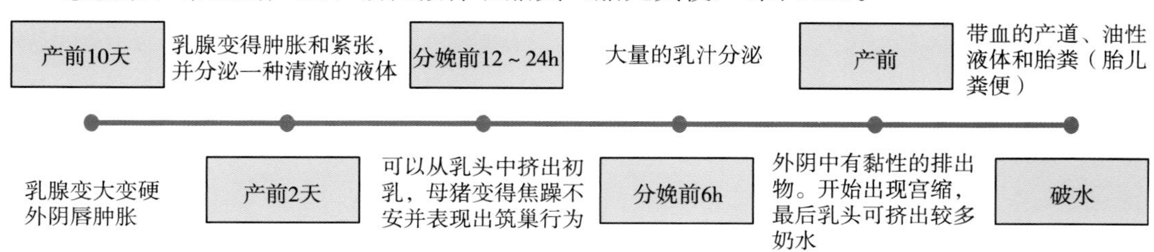

图 145　母猪分娩征兆

179. 母猪分娩过程中有哪些基本参数?

母猪分娩过程中基本参数信息：①仔猪出产道头或尾部先出来都是正常现象，50%的头先出来，50%的尾先出来；②母猪分娩过程中可能表现出轻微的疲劳；③大部分猪的产仔间隔在15min左右；④母猪产程长度平均在2.5h（1～8h）；⑤胎衣在最后一头仔猪分娩后2～4h排出，中间会有部分排出（图146）。

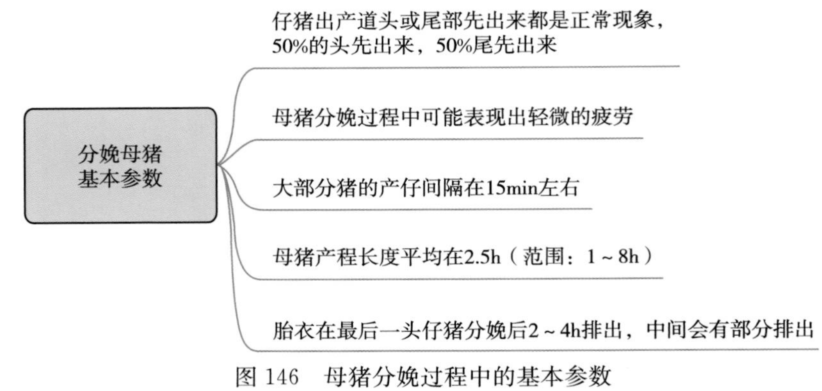

图146　母猪分娩过程中的基本参数

180. 工作人员给母猪助产前需要做哪些准备工作?

为母猪助产前的准备工作包括：①准备接产物品，一桶温水、温和的消毒剂、干燥的接产专用毛巾、一次性橡胶手套、产科胶、催产素、注射器等；②根据临产症状，给仔猪保温区升温；③接产人员的指甲清理，不能留长指甲，彻底清洗手部；④清除母猪体后地板上的所有粪便（图147）。

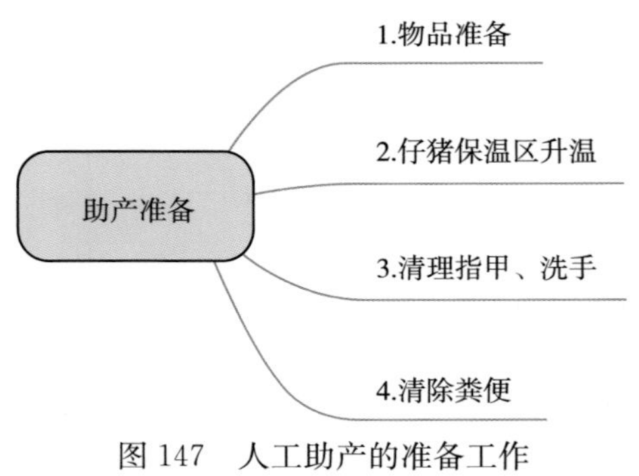

图147　人工助产的准备工作

181. 产房工作人员如何给母猪接产?

给予母猪分娩照顾，能减少在生产时或生产后数小时内仔猪夭折的数目。例如，解除覆盖仔猪的胎膜及弱小猪的急救，小心照顾可以减少生产后几天的仔猪死亡概率。因此分娩时必须做到如下几点：①分娩过程有专人看管；②准备日常工具，时钟、笔、分娩监测卡、助产套、润滑液、剪刀、带催产素的注射器等；③仔猪出生后，接产人员应立即用手指将其耳、口、鼻的黏液掏除并擦净，再用抹布或干燥剂（如密斯托）将全身黏液擦净；④保证仔猪温暖，仔猪刚出生时，保温箱灯下温度应控制在 33～35℃；⑤帮助仔猪吃上初乳，仔猪吃乳前应把母猪乳头中的乳汁挤掉几滴；⑥抢救假死仔猪，对假死的仔猪可拍打几下，也可将脐血有规律地挤向腹部，亦可进行人工呼吸，抢救工作贵在坚持，除非确定其死亡，否则不应停止；⑦必要时助产；⑧应尽量保持环境安静，以免引起母猪分娩中断（图 148）。

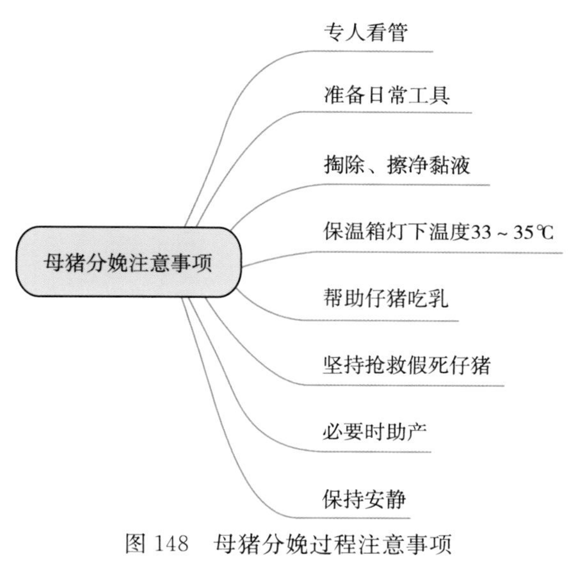

图 148　母猪分娩过程注意事项

182. 产房工作人员如何给母猪助产？

母猪助产程序：①用温和的消毒水清洗母猪阴户和周围区域；②清洗双手并用毛巾擦干；③戴上手臂长的一次性塑胶手套，如果母猪向右侧躺平，使用右手，如果母猪向左侧躺平，则使用左手；④用产科胶润滑手套；⑤将手指合起使手掌呈锥形，这样更容易进入母猪阴户内；⑥轻轻将手掌伸入阴户，通过子宫颈；⑦打开手掌并感觉仔猪引起的堵塞，确定头在前还是后腿在前；⑧抓住仔猪的正确姿势取决于仔猪的姿势和手的关系。如果头在前，则用手掌套住仔猪的头部，用大拇指和食指夹住耳后部，大拇指靠近下巴部。在子宫收缩的同时向后拉。如果后腿在前，用大拇指、食指、中指抓住仔猪的后腿，在子宫收缩的同时向后拉仔猪，或用大拇指、食指将仔猪后腿固定在手掌中，在子宫收缩的同时向后拉仔猪；⑨一旦拉出仔猪，立即执行弱仔救护程序；⑩重复体内检查，直到感觉不到其他仔猪；⑪产仔结束后，根据部门治疗程序，给予母猪一剂量长效抗生素；⑫在产仔卡上记录助产时间及抗生素注射情况（图 149）。

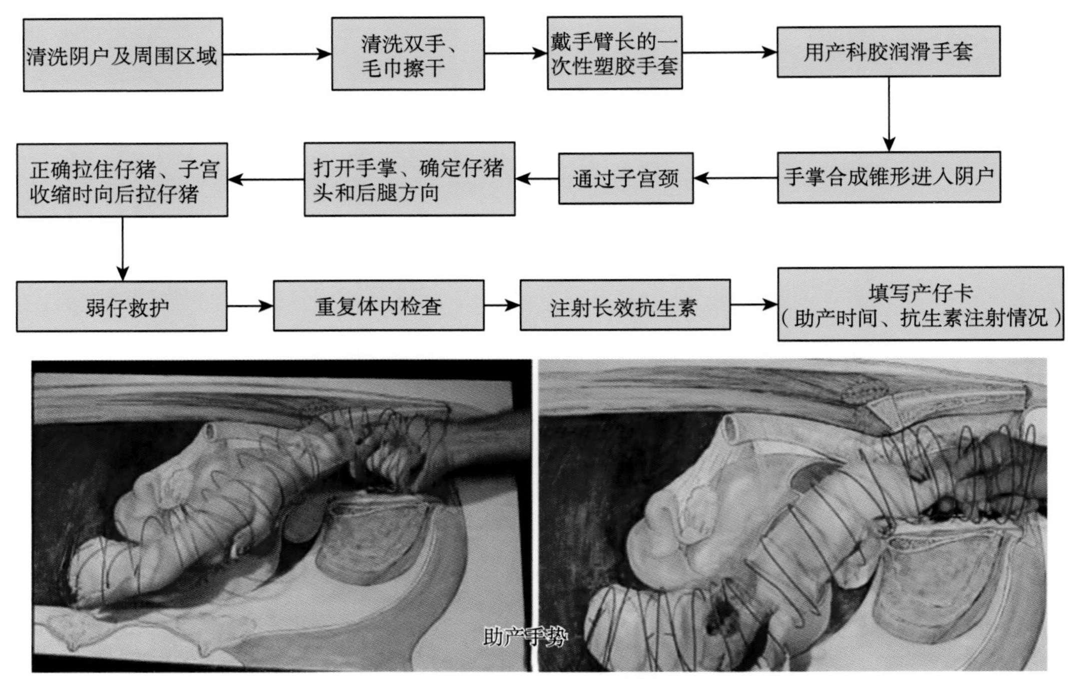

图149　给母猪助产程序

183. 什么是母猪难产？母猪发生难产时怎样进行助产处理？

母猪正常分娩时，每隔5～30min产下1头仔猪，需要2.5～5h产完。如果母猪长时间剧烈阵痛，但仍产不出胎儿，呼吸困难，心跳加快，阴门紧张，上一头仔猪生下后30～60min内不见仔猪出生，便为难产。注射催产素仍无效，或由于胎儿过大、胎位不正、骨盆狭窄等原因造成的难产，应立即人工助产。进行人工助产工作前一定要剪掉指甲，用肥皂洗净手及手臂，戴上一次性专用长臂接产手套进行接产；若没有专用手套，则用2%的碘酒消毒并清洗手臂，涂上硫黄皂，掌心向下5指并拢，慢慢进入阴道内，抓住仔猪双脚或上颌部，随着母猪努责向外拉仔猪，动作要轻，不要强行向外拉，以免损伤母猪和仔猪。难产接产后，向难产母猪阴道内注入抗生素，同时肌注抗生素一个疗程，以防发生子宫炎、阴道炎。按照不同的难产类型采用不同的处理方案（表12）。

表12　难产的处理方案

类型	处理方案
母猪收缩无力	①在产道已经张开且产道通顺的情况下，用手抓住或使用产科绳套住仔猪的鼻子 ②注射催产素 ③驱赶母猪起卧
胎位不正	将食指勾在仔猪每条后腿的飞节下面。向其尾部伸展腿或使用产科绳圈套纠正

（续）

类型	处理方案
二头猪同时在产道	抓住最近的仔猪的头、下颚或脚，依次取出，太困难的先推回子宫
骨盆狭窄	人工助产失败，咨询兽医，有必要时使用剖腹产
仔猪过大	人工助产失败，咨询兽医，肢解仔猪

184. 哪些因素会导致母猪发生难产？

导致母猪难产的主要因素：

①母猪产道狭窄，后备母猪产道狭窄，分娩的时候相对比较困难，容易出现难产；另外，由于膀胱充盈挤压产道，也会造成产道狭窄。

②母猪收缩无力：如果分娩了7胎以上，年龄偏大的母猪生产能力会出现比较明显的下降，容易出现产仔无力，发生难产。

③胎儿的问题：仔猪体型过大，或者胎位不正。

④母猪生殖道障碍：部分扭转，呈S形弯曲。

⑤母猪妊娠期间饲养管理不当，营养过剩或不足，导致母猪过肥或过瘦，生产力降低，导致难产。

⑥二头仔猪同时挤在产道造成难产（图150）。

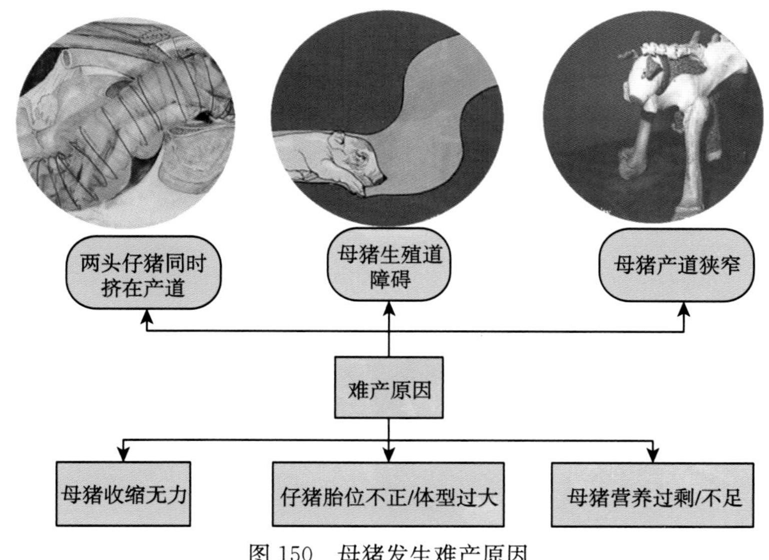

图150　母猪发生难产原因

185. 哪些类型的母猪难产发生率高？

母猪分娩过程中应重点关注易出现难产的群体：①妊娠期超过116d的母猪；②厌食

围产期出现不食，或者采食量降低明显的母猪；③母猪眼睛变红，烦躁不安；④如果母猪长时间剧烈阵痛，但仍产不出胎儿，呼吸困难，心跳加快，阴门紧张；⑤有黏液和胎粪流出，但母猪没有努责；⑥长时间分娩，母猪疲倦；⑦母猪呼吸急促，虚弱，无力起卧；⑧有难产史的母猪（图 151）。

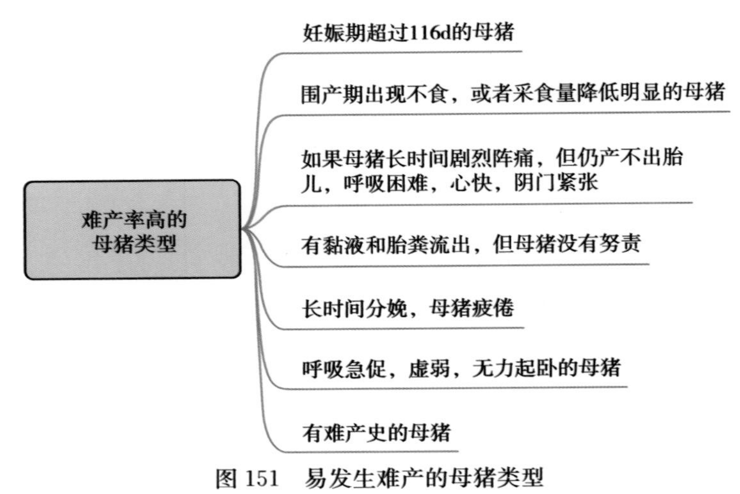

图 151　易发生难产的母猪类型

186. 产房仔猪护理工作有哪些要点？

①温度控制：产房温度保持在 18～22℃，局部保温，仔猪保温箱内温度保持 33～35℃，活动区温度 30℃左右。在活动区增挂 2～3 盏保温灯，根据温度要求调整高度。

②吃好初乳：尽量使仔猪早吃、多吃质量好的初乳，让仔猪获得足够的保护，降低仔猪腹泻率。

③正确断脐、延缓断脐：仔猪生出后，不应立即断脐，应先清除鼻腔内黏液，擦干羊水，1～2min 后，待仔猪呼吸平稳顺畅再断脐。能有效缓解仔猪出生瞬间呼吸氧气供应不足，极大地提高仔猪的活力与体质，更有利于仔猪后期的生长发育。

④剪牙与断尾：剪牙的目的是为了防止仔猪因缺奶争抢乳头时，仔猪咬乳头导致母猪疼痛、乳头受伤感染，不剪牙会形成“缺奶—咬奶—更缺奶”的恶性循环，剪牙应在吃初乳后进行。为了减少初生应激，保证吃好初乳，剪牙原则上应在吃初乳后，或第二、第三日龄与断尾、补血同时进行。弱猪不剪牙，有利于乳头竞争和减少应激，要确保剪平，不能剪伤牙龈。断尾的目的是为了减少断奶、生长、育肥阶段的咬尾，猪场实行断尾操作，尽量选用电烙铁断尾，要避免出现尾巴流血、感染的情况。

⑤栏舍干燥：湿度通过影响仔猪体表水分散失平衡来影响仔猪生长，高湿环境更有利于细菌和寄生虫的生长繁殖，使仔猪机体抵抗力下降，从而更易引发各种疾病，尤其是仔猪腹泻。

⑥防止压死仔猪：压死是乳猪、仔猪死亡的重要组成，特别是出生后 1 周的仔猪，提高员工防范意识，做到产房 24h 不离人（图 152）。

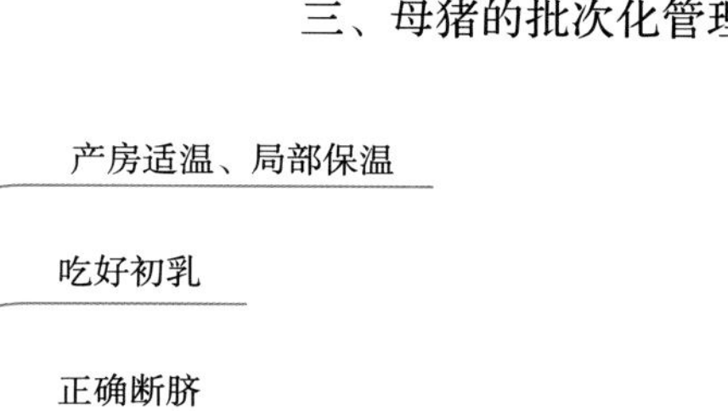

图 152　哺乳仔猪护理要点

187. 仔猪寄养的原则?

寄养的目的：使每头母猪的乳头都能得到有效的利用，每一只仔猪都能够吃上奶，提高仔猪成活率。

寄养的基本原则：

①如果是种猪场，寄养必须在打完耳号后进行，以免把仔猪窝号搞乱，打耳号要在仔猪出生后 24h 内完成。

②必须在仔猪吃到自己母亲的初乳寄养，通常在 24h 后进行。

③调圈最好在同天出生的仔猪间进行，或将先出生的仔猪调入后出生的仔猪中。

④生病的仔猪不能调圈。

⑤寄养要遵守有利于弱猪的原则，即调大不调小，调强不调弱。

⑥每头仔猪不能调圈次数太多，一般不超过 2 次（图 153)。

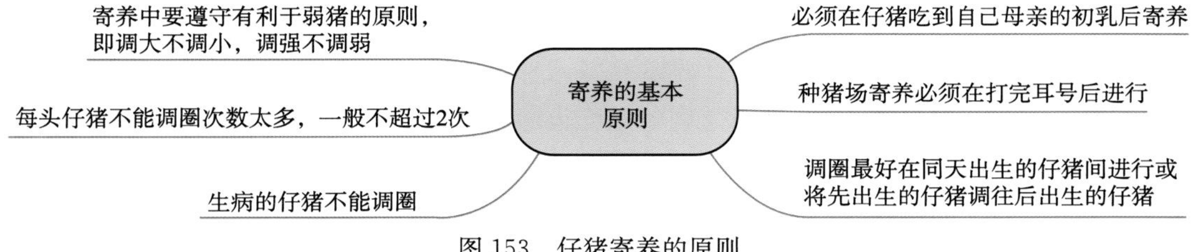

图 153　仔猪寄养的原则

188. 如何进行仔猪的寄养?

①观察母猪乳头情况，根据有效乳头数调圈，有几个有效乳头就奶几只仔猪。

②母猪产后如没有奶水要及时调走仔猪。可将仔猪分散与它同时或比它晚产的母猪，或找一个“奶娘”代养。若“奶娘”是断奶母猪，一定要用断奶母猪替换另一头产后 2～3 周的母猪，用这头产后 2～3 周的母猪带养刚出生的仔猪。

③并窝之前，要将两窝仔猪一起放置在接产箱中至少20min，让它们的气味充分混合，避免母猪咬仔。

④调圈时要将窝中较大、较强壮的仔猪调走，将弱仔固定在较大仔猪原来的位置（通常在母猪前3对乳头位置）。

⑤产仔多不好调时，可在同时或相近分娩的母猪中，找一头产仔比较大的、泌乳性能好的母猪，将其所产仔猪调给其他母猪，再将每窝中的弱仔调进，集中哺乳，以便管理。

⑥出生3d内，每天仔细观察每窝仔猪情况，随时调圈。

⑦在调完圈后，要保证每窝猪有良好的整齐度（图154）。

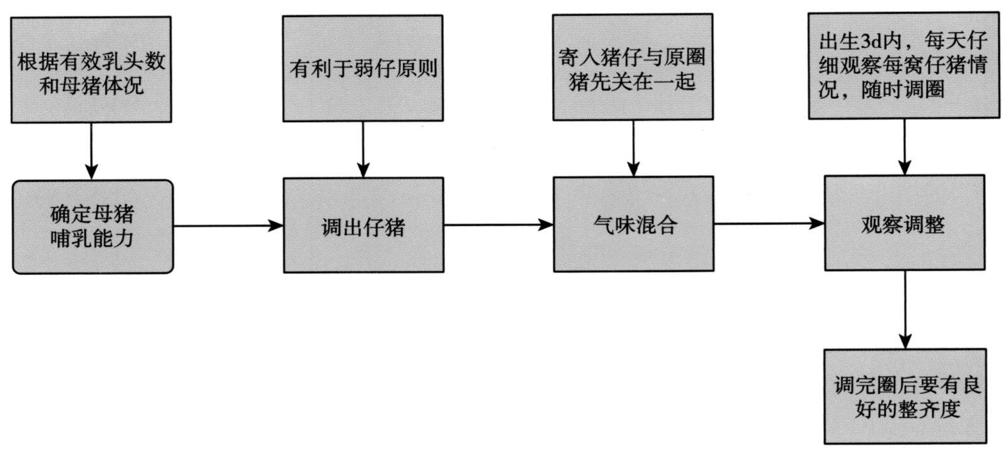

图154　仔猪寄养流程

189. 哺乳期母猪饲养管理有哪些注意事项？

最大限度地开发种猪的性能，需考虑整个繁殖生命周期及相应的饲喂计划，哺乳期的饲喂不是孤立的，应与妊娠期及其他时期协同一致；母猪饲喂的基本目的是，要保证整个繁育生命周期的种用体况。正确制订饲喂计划，不能靠妊娠期的多喂弥补哺乳期的身体损耗，头两胎的饲喂最为关键，此时母猪的生长和维持需求很大，对母猪的繁育年限有决定作用。

哺乳初期，因分娩后体力消耗大而较衰弱，消化机能尚未完全恢复正常，因此适宜饲喂那些容易消化的饲料，如谷实粉、小麦麸等，经5～6d再过渡到正常饲料且饲喂数量也要逐渐增加，防止妊娠期母猪过食，以免影响母猪食欲，造成消化不良。哺乳母猪饲料应加适量水调拌潮湿或呈稠粥状，这有利于按顿饲喂和母猪采食。

进入正常哺乳期后，要注意喂足，以免因营养不足影响泌乳。除此之外，还要注意防止过食，以免影响食欲，导致采食不足。饲喂哺乳母猪的饲料必须新鲜、清洁，腐败变质的饲料绝对不能喂给泌乳母猪，否则，除影响母猪健康和泌乳外，还会危害仔猪的健康，使仔猪患胃肠疾病。有条件的地区可对哺乳母猪实行放牧饲养，放牧饲养不仅可增强母猪体质和提高泌乳能力，还有利于仔猪的生长发育（图155）。

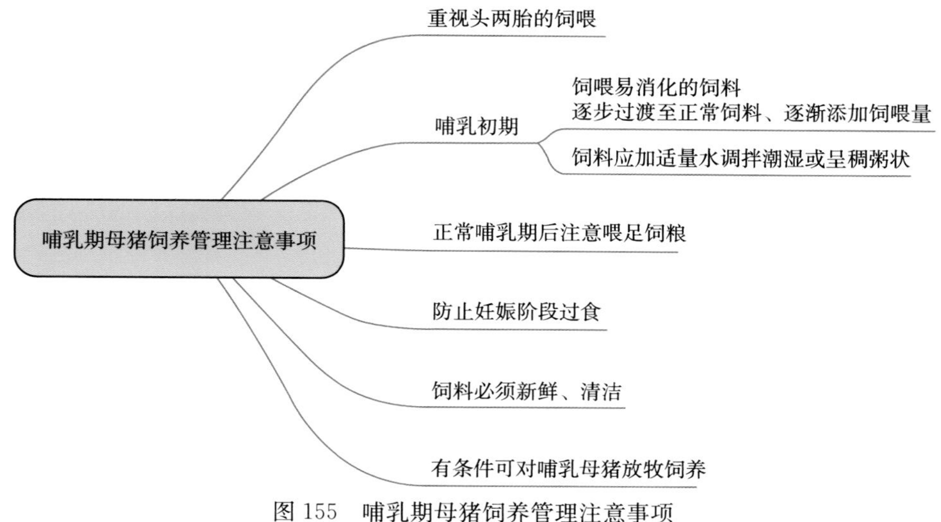

图 155　哺乳期母猪饲养管理注意事项

190. 母猪泌乳不足应该采取哪些措施?

①环境控制：调控圈舍温度到适宜范围（18～22℃）；空气质量，空气湿度保持在75%左右（图 156）。

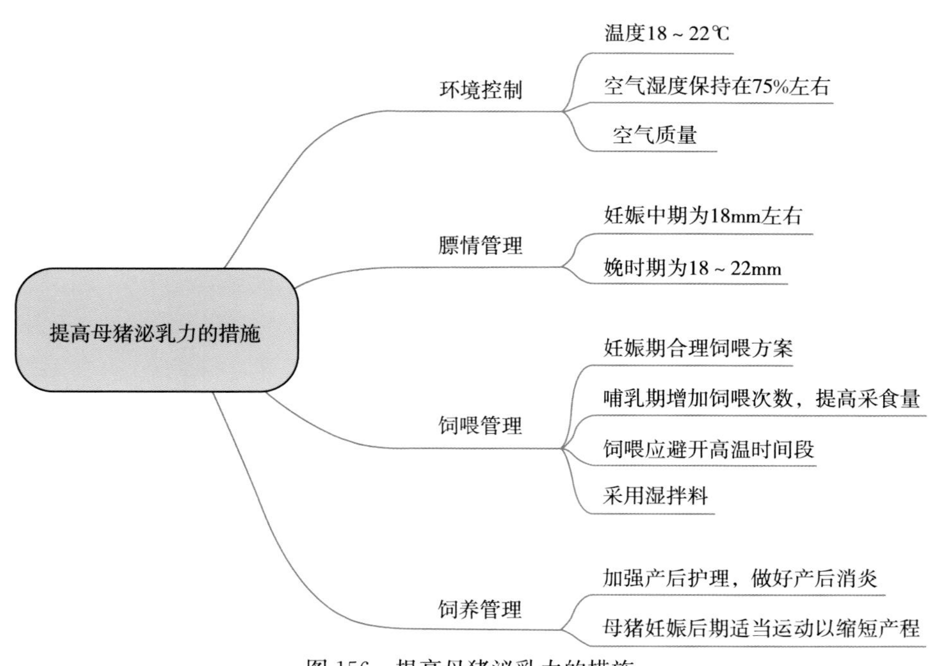

图 156　提高母猪泌乳力的措施

②膘情管理：妊娠期调整至合理膘情。背膘厚度，妊娠中期为 18mm 左右；分娩时期为 18～22mm。

③饲喂管理：妊娠70～90d，饲喂量2～2.3kg/d［日摄入代谢能（ME）26MJ，可消化赖氨酸8～10g］；哺乳期增加饲喂次数（每天不低于4次），采用湿拌料［料比水＝1：(4～5)］，饲喂应避开高温时间段。

④饲养管理：母猪妊娠后期适当运动以缩短产程；加强产后护理，做好产后消炎。

191. 哪些传染性疾病会影响母猪的繁殖性能？

常见的影响母猪繁殖性能的传染性疾病：

①猪细小病毒病，该病是引起猪繁殖障碍的主要病因之一，我国猪细小病毒抗体阳性率在80%以上。细小病毒病多感染在春、夏季配种的头胎母猪，病毒可通过胎盘传染给胎儿，也可通过交配传染，导致流产或胎儿死亡。

②猪布鲁氏菌病，是由布鲁氏菌属细菌引起的一种人畜共患的急性或慢性传染病。特征是巨噬细胞增生和形成肉芽肿，妊娠母畜发生流产、胎衣不下，生殖器官及胎膜发炎，公畜睾丸炎。

③猪衣原体病，是由鹦鹉热衣原体的某些菌株引起的一种慢性接触性传染病，临床可分为流产型、关节炎型、支气管肺炎型和肠炎型，表现为妊娠母猪流产、死产和产弱仔，新生仔猪肺炎、肠炎、胸膜炎、心包炎、关节炎，种公猪睾丸炎等。

④猪繁殖与呼吸综合征，该病又称蓝耳病，主要特征是母猪发热、厌食、流产、死产、产木乃伊胎、弱仔等，该病病原猪繁殖与呼吸综合征病毒主要侵害妊娠母猪和哺乳仔猪。各省份种猪场该病原抗体阳性率均在40%以上。

⑤猪流行性乙型脑炎，由乙型脑炎病毒引起。主要以母猪流产、死胎和公猪睾丸炎为特征。该病主要导致青年妊娠母猪死胎流产综合征与公猪睾丸炎，少数病例表现神经症状。乙型脑炎以蚊子和苍蝇为传播媒介，故夏季发病率最高。

⑥猪伪狂犬病，是由伪狂犬病毒引起的一种传染病。伪狂犬病毒可通过胎盘传递给胎儿，所以对胎儿的感染是致命的。

⑦猪瘟，是养猪业发病最多、危害最严重的传染病。猪瘟病毒主要经由口腔或咽部组织侵入，不同品种和年龄猪均易感染，幼年猪最为敏感。感染后潜伏期一般是3～8d。怀孕母猪感染猪瘟病毒后，不一定表现临床症状，但病毒可通过胎盘感染胎儿，引起死胎、木乃伊胎、早产或产弱仔等。该病毒是引起仔猪先天性震颤的主要原因之一，感染仔猪多在生后几天内死亡（图157）。

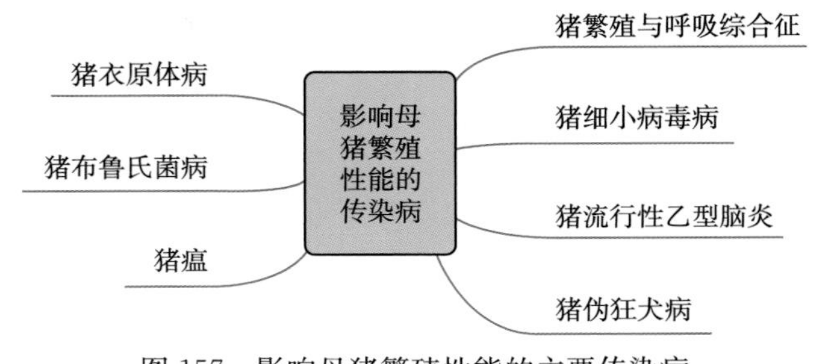

图157　影响母猪繁殖性能的主要传染病

192. 什么是母猪二胎综合征？发生的原因及怎样防制？

二胎母猪综合征是指一胎母猪进入第二轮生殖周期后，出现第一胎断奶后母猪失重过多、太瘦，断奶 7d 内发情率低，再次配种困难或分娩率降低，二胎产仔数降低（一般比第一胎减少 18%以上），头胎淘汰率高（一般超过 15%）等情况。母猪二胎综合征原因及防制：

①后备母猪配种过早。猪场为了追求利益，往往在后备母猪 7.5 月龄前就开始配种，导致母猪怀孕后容易掉膘，而且容易出现产后瘫痪、难产、产后炎症、产后高热等疾病，治疗难度较大。建议在后备母猪年龄达到 8 月龄，体重 140kg 以上，背膘不低于 16mm，并且有 2 次及以上有效发情记录的情况下，再使其参与配种，其中，日龄的控制一定要严格，保证母猪体成熟的同时达到性成熟。

②产后母猪炎症的发生。母猪产后 7d 内，子宫会出现排脓现象，如果出现血脓、黑脓、黄脓说明母猪炎症较为严重，较为普遍的治疗方法是产后使用青链霉素消炎针，连用 5～7d。

③哺乳期母猪失重较多。一胎母猪断奶建议分批式进行，体形较小的一胎母猪一般哺乳 18d 断奶，断奶后母猪发情率较好；偏肥的一胎母猪，哺乳不超过 25d，保证膘情合理。同时一胎母猪哺乳料量要保证 4.5～6kg，保证其有充足的奶水，哺乳充分才能保证发情率。

④霉菌毒素感染对生殖系统影响较大。饲料的有效期一般在 15d，遵循先进先出的原则，投喂饲料时一定要检查，发现异常的坚决不用，同时定期添加葡萄糖解毒（图 158）。

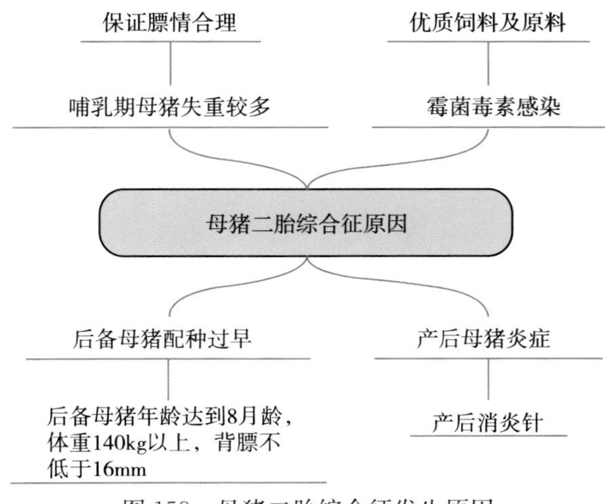

图 158　母猪二胎综合征发生原因

193. 什么是母猪繁殖障碍综合征？

母猪繁殖障碍综合征是指母猪在妊娠前或妊娠期间，由于多种病原因子的感染或作用而引起的，临床特征基本相似的一类引起母猪繁殖率和仔猪成活率严重下降的疾病的总称。其主要的临床表现是母猪不孕、胎儿早期溶解、流产、早产、死胎、少产和木乃伊胎，最终导致母猪繁殖率和仔猪成活率严重下降。有的病原因子还可感染仔猪，引起仔猪的大量死亡，同时也引起母猪不发情和产后无乳综合征等。在生产母猪群中，此类疾病常见、多发，已成为现代养猪生产中关系全局的问题（图 159）。

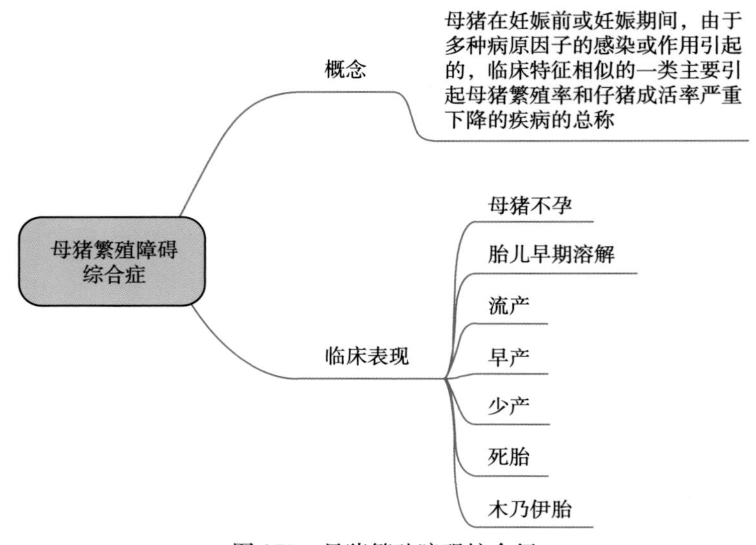

图 159　母猪繁殖障碍综合征

194. 影响母猪繁殖性能的因素有哪些？

母猪的繁殖性能受多种因素的影响，如遗传因素、营养因素、生理因素、环境因素等。因此提高母猪的繁殖性能不是单纯给予其足够的营养即可，需要综合考虑多方面因素，在母猪不同的生长阶段实施不同的饲养管理方法。

①母猪的年龄、产仔胎次等，对其繁殖性能具有显著影响。母猪的配种需要同时达到体成熟和性成熟，否则不能配种。

②营养因素对母猪繁殖性能具有重要作用，母猪日粮中的能量、蛋白质、氨基酸、微量元素及维生素等营养水平，直接影响母猪的产仔数、断奶后再发情、有效利用年限等。

③不同品种的母猪其繁殖性能具有显著的差异，目前，通过不同优势品种之间的杂交提高生产性能，但是杂交的代数也会对繁殖性能产生影响。

④温度、季节差异明显，也是影响母猪繁殖性能的重要因素之一。

⑤不同的配种方式也会对母猪的繁殖性能产生影响。

⑥子宫容积是影响母猪产仔数的一个限制因素，妊娠母猪的子宫大小决定了可容纳的胚胎数量。

⑦公猪的精液品质也是影响母猪繁殖性能的重要因素。公猪精液的精子密度、精子活率、精子活力、精子畸形率决定了精子能否顺利与卵子结合形成受精卵，受精卵是母猪产

仔性能的关键因素，因此公猪的精液品质对母猪的繁殖性能同样至关重要。

⑧生产模式也会影响繁殖性能，仔猪早断奶可以使母猪可早发情、早配种，缩短空怀期，增加年产胎次，相应增加年产仔数。但断奶时间过早，会对母猪下一胎的繁殖及仔猪的发育产生不利影响，由于母猪子宫等生理机能未得到较好恢复，反而影响排卵数和泌乳水平，造成产仔性能下降（图 160）。

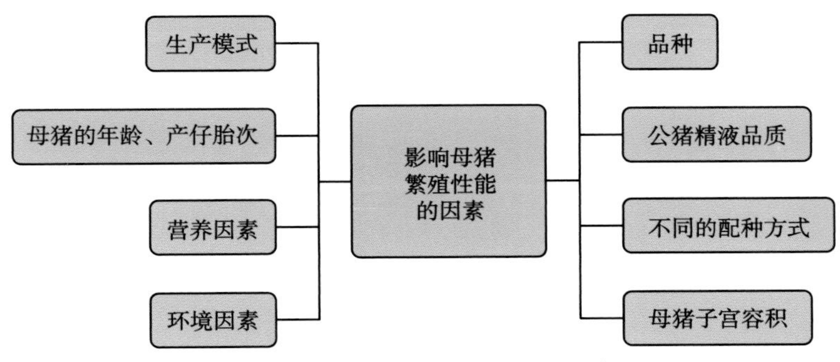

图 160　影响母猪繁殖性能的因素

四、猪场母猪繁殖力指标及管理规范

195. 目前猪场通过哪些指标来评价母猪的繁殖力？

目前，猪场评价母猪的繁殖力和养殖水平的指标：

①PSY：猪场每头母猪每年提供的断奶仔猪头数。

②MSY：猪场每年每头母猪平均出栏的肥猪头数。

③NPD：非生产天数，任何一头生产母猪和超过适配年龄的后备母猪（一般适配年龄为 230 日龄），没有妊娠，没有哺乳的天数。

④LSY：母猪年产窝数，母猪一年分娩的胎次数。

⑤母猪窝产健仔数：母猪每胎分娩出的健壮仔猪的数量（图 161）。

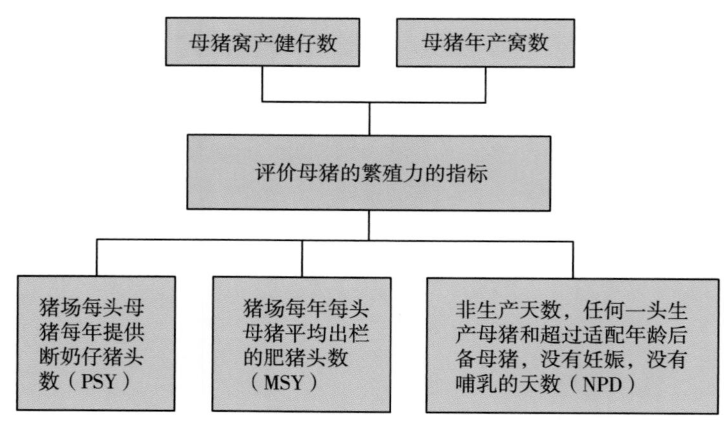

图 161　评价母猪的繁殖力的主要指标

196. 猪场中主要通过哪些指标来评价母猪的繁殖成绩（各阶段）？

母猪不同的生理阶段有不同的任务，可以用不同的指标来反映其生产性能。

①后备培育阶段指标：母猪初情期日龄，后备母猪二胎利用率，后备母猪培育率，后备母猪配种分娩率，产活数。

②配种妊娠阶段指标：4 周配种受胎率，配种分娩率，妊娠阶段流产率，基础母猪死亡率。

③分娩泌乳阶段指标：窝均总产仔数，窝均产活仔数，乳猪成活率，窝均断奶数，21日龄断奶窝重，母猪淘汰率，母猪泌乳期体重损失量、母猪断奶-配种天数、断奶母猪7d内发情配种率（图162）。

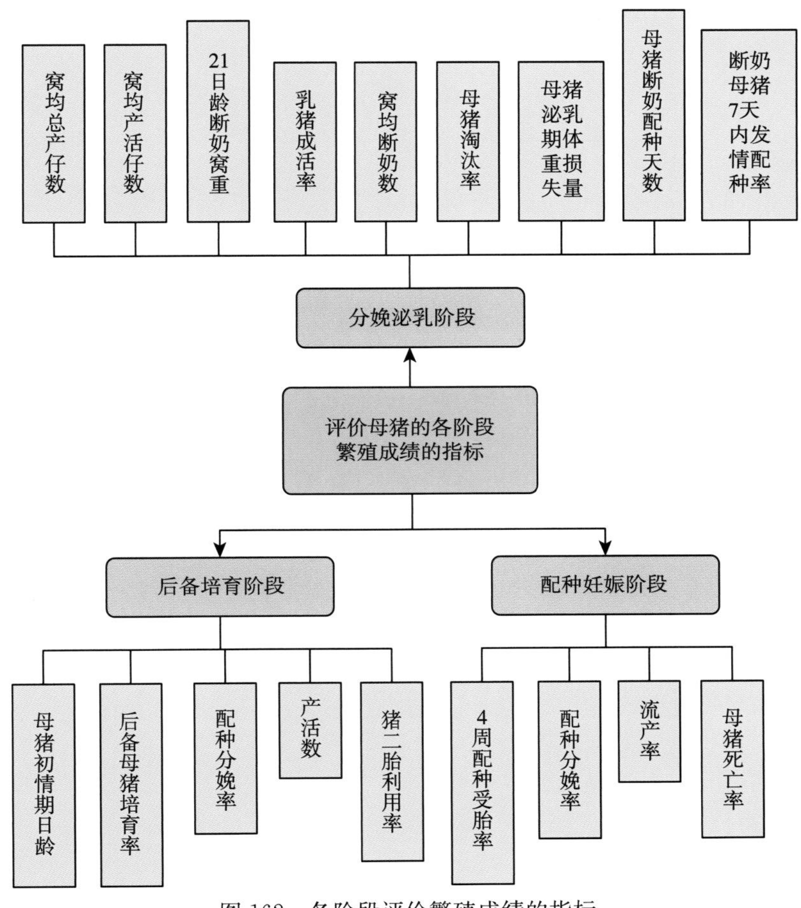

图162　各阶段评价繁殖成绩的指标

197. 种公猪站部门目标、岗位职责及考核指标有哪些?

部门目标：①生产出优质、足够数量的精液，公猪少量存栏，获取更高的回报率；②公猪整体健康，体质结实、性欲旺盛、体况合理。

岗位职责：种公猪站主管，负责组织和落实各项生产任务；负责本组种猪转群、调整工作；负责安排本组各类种猪的预防注射工作和卫生防疫工作；负责整理和统计本组的生产日报表和周报表。饲养员，负责公猪的精液收集、饲养管理工作，协助主管做好公猪的预防注射工作。

考核指标：公猪月死淘率（死亡及非正常淘汰），供配种精液质量合格率，公猪头次提供的精子总数，公猪使用频率（图163）。

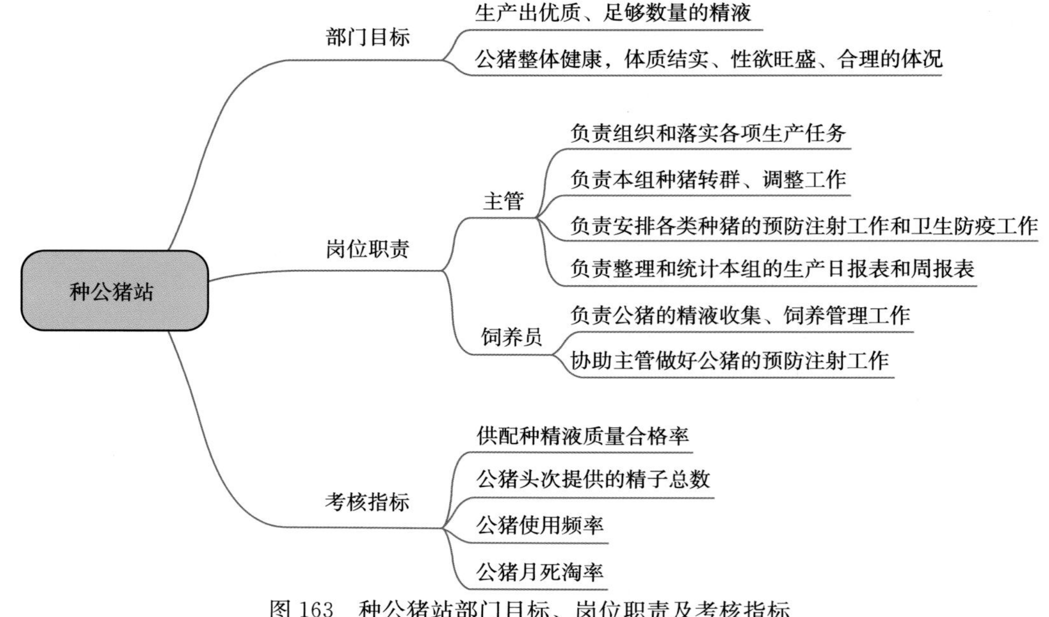

图163 种公猪站部门目标、岗位职责及考核指标

198. 猪场中后备母猪舍部门目标、岗位职责及考核指标有哪些？

部门目标：培养适应本场的健康后备母猪，且日龄、体重、背膘以及发情次数均达到配种要求。

岗位职责：后备母猪的饲养管理工作；配合兽医做好疫病防治等工作；做好记录、记载及报表，工作总结，报告工作。

考核指标：后备母猪隔离适应的时间，210～230日龄体重和背膘厚度，发情次数，猪只月死淘率，后备母猪育成率（图164）。

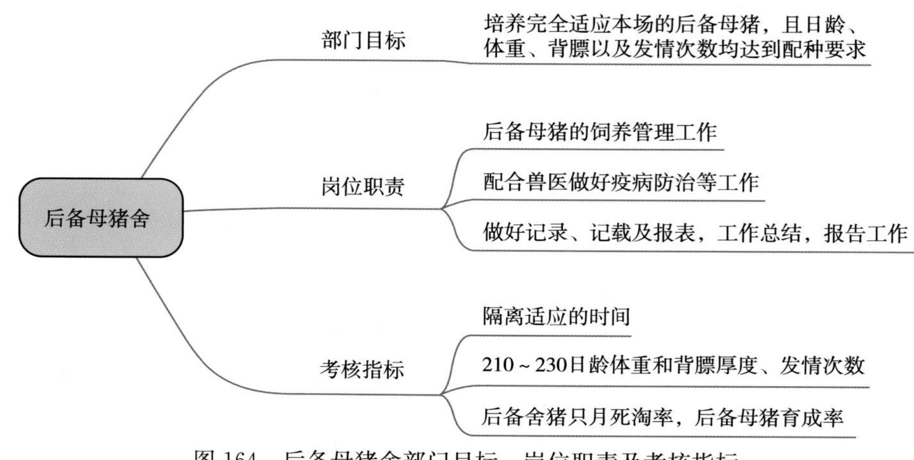

图164 后备母猪舍部门目标、岗位职责及考核指标

199. 配种妊娠舍部门目标、岗位职责及考核指标有哪些?

部门目标：按计划完成每周配种任务，保证全年均衡生产，确保母猪各阶段膘情合理，胚胎（胎儿）发育正常，基础母猪群胎龄结构合理。

岗位职责：主管，负责本生产线配种工作，做好均衡生产，负责本组种猪转群、调整工作，负责本组各类种猪的免疫注射工作和卫生防疫工作，负责整理和统计本组的生产日报表和周报表；辅配饲养员，协助主管做好查情配种、种猪转栏、调整工作，协助主管做好本组种猪的预防注射工作，负责大栏内公猪、空怀猪、后备猪的饲养管理工作；妊娠母猪饲养员，协助主管做好妊娠猪转群、调整工作，做好妊娠母猪预防注射工作，负责定位栏内妊娠母猪的饲养管理工作。

考核指标：配种分娩率，窝均产健仔数，后备母猪合格率，母猪年淘汰更新率，母猪断奶后 7d 内发情率，基础母猪月死淘率（图 165）。

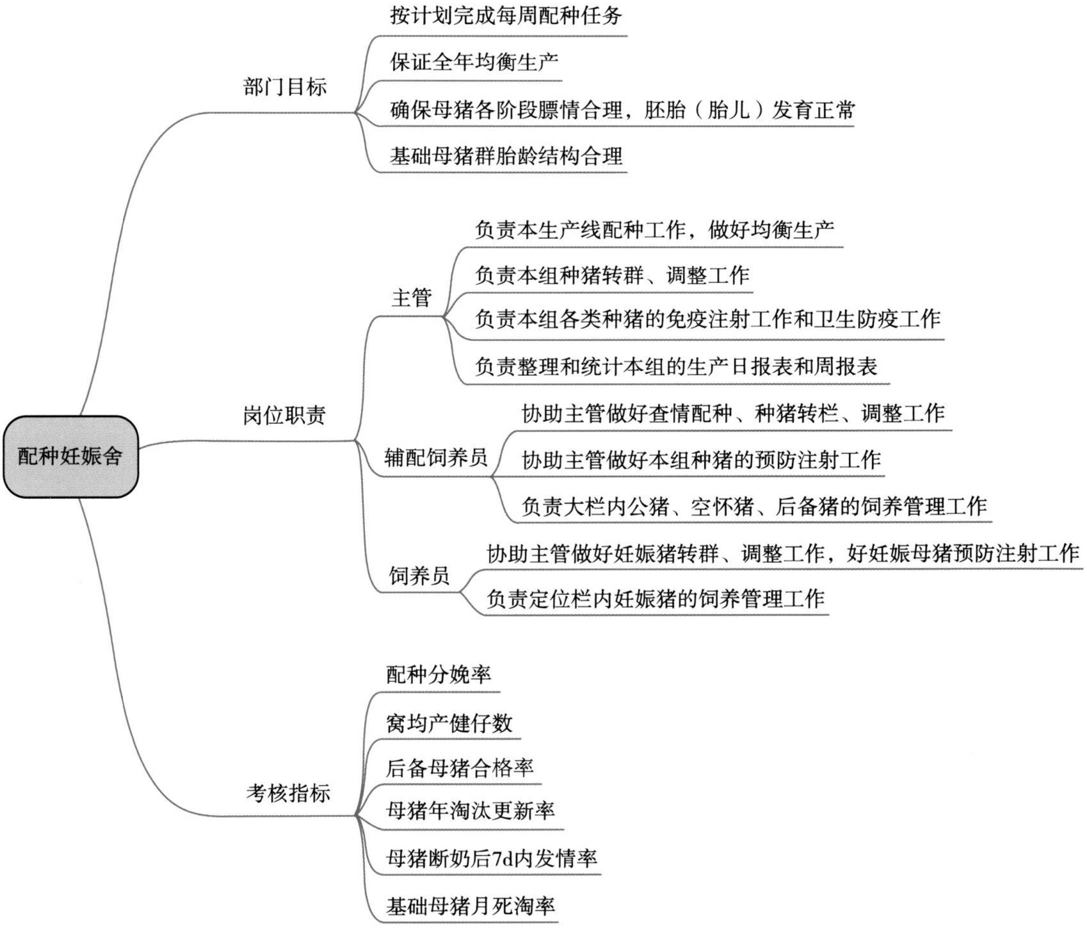

- 配种妊娠舍
  - 部门目标
    - 按计划完成每周配种任务
    - 保证全年均衡生产
    - 确保母猪各阶段膘情合理，胚胎（胎儿）发育正常
    - 基础母猪群胎龄结构合理
  - 岗位职责
    - 主管
      - 负责本生产线配种工作，做好均衡生产
      - 负责本组种猪转群、调整工作
      - 负责本组各类种猪的免疫注射工作和卫生防疫工作
      - 负责整理和统计本组的生产日报表和周报表
    - 辅配饲养员
      - 协助主管做好查情配种、种猪转栏、调整工作
      - 协助主管做好本组种猪的预防注射工作
      - 负责大栏内公猪、空怀猪、后备猪的饲养管理工作
    - 饲养员
      - 协助主管做好妊娠猪转群、调整工作，好妊娠母猪预防注射工作
      - 负责定位栏内妊娠猪的饲养管理工作
  - 考核指标
    - 配种分娩率
    - 窝均产健仔数
    - 后备母猪合格率
    - 母猪年淘汰更新率
    - 母猪断奶后7d内发情率
    - 基础母猪月死淘率

图 165 配种妊娠舍部门目标、岗位职责及考核指标

200. 分娩舍部门目标、岗位职责及考核指标有哪些?

部门目标：母猪顺利产仔，鲜活死胎少，仔猪的存活率高，保证断奶重和仔猪均匀度，母猪体况的损失小，母猪及仔猪健康状况良好，保证良好、正确的生产记录。

岗位职责：小组主管，负责安排本组空栏猪舍的冲洗消毒工作，本组母猪、仔猪转群、调整工作，负责本组哺乳母猪、仔猪预防注射工作，负责整理和统计本组的生产日报表和周报表；饲养员，协助主管做好临产母猪转入、断奶母猪转出工作，协助主管做好哺乳母猪、仔猪的预防注射工作，每个饲养员负责 32～48 个产栏哺乳母猪、仔猪的饲养管理工作；夜班人员，工作时间为白班的午休时间、夜间，两名夜班人员轮流负责本区猪群防寒保温、防暑降温，负责本区防火、防盗等安全工作，重点负责分娩舍接产、仔猪护理工作，负责哺乳仔猪夜间补料工作，做好值班记录。

考核指标：断奶后母猪 7d 内发情率，哺乳期仔猪成活率，断奶合格率，断奶平均体重，母猪哺乳期死淘率（图 166）。

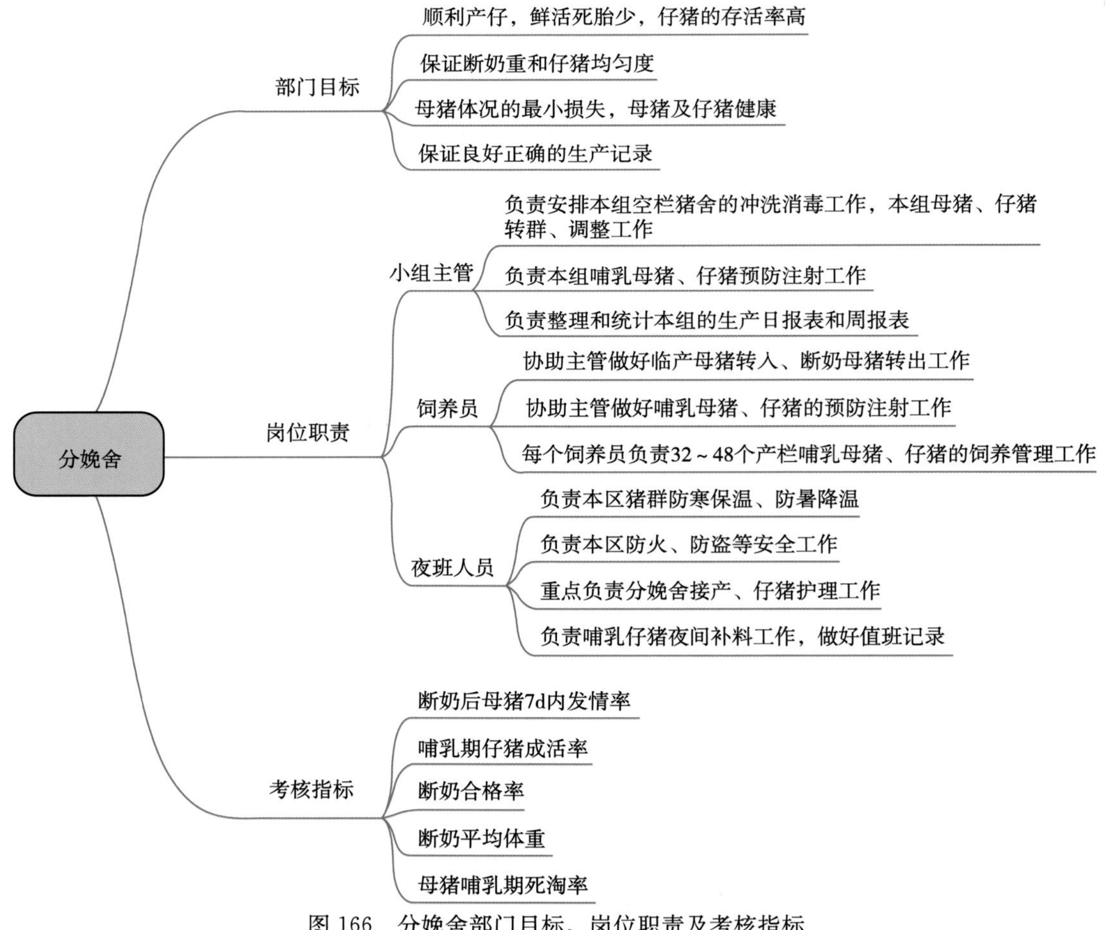

图 166　分娩舍部门目标、岗位职责及考核指标

参　考　文　献

伏彭辉，韩燕国，曾艳，2020. 动物繁殖学实验与实习［M］. 重庆：西南师范大学出版社.

郭宗义，王金勇，2010. 现代实用养猪技术大全［M］. 北京：化学工业出版社.

孙德林，2008. 猪人工授精技术 100 题［M］. 北京：金盾出版社.

孙德林，2009. 猪人工授精技术推广丛书［M］. 北京：中国农业大学出版社.

徐相亭，2010. 猪的繁育技术指南［M］. 2 版. 北京：中国农业大学出版社.

杨利国，2010. 动物繁殖学［M］. 北京：中国农业出版社.

早川结子，沈欢悦，2011. 分娩舍的母猪管理［J］. 国外畜牧学（猪与禽），31（3）：22－27.

张守全，2002. 工厂化猪场人工授精技术［M］. 成都：四川大学出版社.

张长兴，2010. 猪人工授精技术图解［M］. 北京：金盾出版社.

周元军，2017. 养猪 300 问［M］. 北京：中国农业出版社.

图书在版编目（CIP）数据

种猪高效繁殖技术200问 / 重庆市生猪产业技术体系创新团队，重庆市畜牧技术推广总站编．—北京：中国农业出版社，2022.10

（中国西南山地畜牧业实用技术大全）

ISBN 978-7-109-30054-5

Ⅰ．①种… Ⅱ．①重… ②重… Ⅲ．①种猪－繁殖－问题解答 Ⅳ．①S828.3－44

中国版本图书馆CIP数据核字（2022）第175300号

中国农业出版社出版

地址：北京市朝阳区麦子店街18号楼

邮编：100125

责任编辑：全 聪　　文字编辑：黄璟冰

版式设计：李 文　　责任校对：周丽芳

印刷：北京缤索印刷有限公司

版次：2022年10月第1版

印次：2022年10月北京第1次印刷

发行：新华书店北京发行所

开本：787mm×1092mm　1/16

印张：9.5

字数：200千字

定价：48.00元